科学的助言

21世紀の科学技術と政策形成

Scientific Advice

Science, Technology, and Policy Making in the Twenty-First Century

Tateo Arimoto / Yasushi Sato / Keiko Matsuo

有本建男・佐藤靖・松尾敬子

［著］

Hiroyuki Yoshikawa

吉川弘之

［特別寄稿］

東京大学出版会

Scientific Advice:
Science, Technology, and Policy Making in the Twenty-First Century
Takeo ARIMOTO, Yasushi SATO, Keiko MATSUO,
and Hiroyuki YOSHIKAWA
University of Tokyo Press, 2016
ISBN 978-4-13-060316-4

はじめに

　いまや科学技術は現代社会のほぼすべてを支え、同時にそれを規定するようになっている。政治・軍事、経済、医療、食、教育・学術などの広範な分野が科学技術の長足の進展を反映して年々変化し、私たちの日々の生活もその変化から影響を受けている。このように科学技術が私たちの社会や私たち自身のあり方を大きく変える力をもつようになった以上、私たちは普段から科学技術との関わり方に相応の考慮を払う必要があるし、政府にとっては科学技術の進展に対応した政策を適時・的確に定め、それを実行していくことが重要な課題となる。

　ところが、政府がそのような責任を果たしていくことは必ずしも容易ではない。政治家や行政官が最前線の科学技術の詳細を理解するのは困難であることが多いし、科学技術がからむ政治・行政課題はしばしば複雑かつ微妙な判断を伴うからである。例えば、新しい医薬品を政府が承認しようとするとき、その安全性に関する見解が専門家の間でも微妙に割れることがある。患者団体や政治家は早期の承認を求めるかもしれない。だが仮に新薬承認後、重大な副作用が頻発すれば政府は責任を問われ、法廷闘争にもなりかねない。このようなとき、政府は非常に難しい立場に立たされるが、それでも妥当な判断を行うことを求められる。新薬開発を促進するための規制・制度改革や、生命科学の基礎研究の推進戦略の策定も、高度に複雑な政府の任務である。

　科学者にとっても、政府の政策立案に協力しようとする際には難しい問題が生じうる。政府の審議会などで新薬の承認にゴーサインを出した科学者は、のちに副作用が頻発したときには、法的責任は問われないとしても社会的責任を問われかねない。また、その科学者が関連する製薬会社から寄付金などを受け取っていた場合、本当に中立的な判断をしたのか、疑いの目を向けられかねない。さらに、政府との関係が近くなると、自分の研究分野に公的資金を我田引水するのではないかといった懸念をもたれやすい。科学者が政府の政策立案に

貢献しようとする際には、単純に科学的知見を政府に提供しさえすればそれで万事うまくいくというわけではないのである。

しかし現代は科学者と政府の協働なくしては妥当な政策形成が不可能な時代であって、それゆえに科学的助言が不可欠な役割を果たしている。科学的助言とは、政府が特定の課題について妥当な政策形成や意思決定をできるよう、科学者やその集団が専門的な知見に基づく助言を提供することを指す。なお、ここで「政府」とは、基本的には行政府を念頭に置いているが、立法府は立法、司法府は判決という形でそれぞれの立場から複雑な判断を行っており、状況が共通している面がある。また、近年では、各国の政府だけでなく地方自治体や国連などの国際機関まで、さまざまなレベルで科学的助言の必要性が高まっていることに留意する必要がある。

もとより政府にとって、政策判断の材料は科学的知見だけではない。世論の動向や、関連する業界団体、消費者、労働団体、環境保護団体、職業団体など幅広いステークホルダー（利害関係者）からのニーズや意見も考慮する必要がある。政府はそれらすべてを踏まえたうえで総合的な政策判断、意思決定を行う。また、科学的知見というときには、自然科学分野（工学、医学等を含む）だけでなく法学や経済学など人文社会科学分野の知見も含まれる。政府が直面する政策課題の多くは、これら多くの異なる学問分野の知見を総合的に取り入れる形での科学的助言を必要としている。

近年では、科学技術と社会との関係の急速な深化・複雑化にともなって科学的助言の重要性が著しく高まり、関係者・関係機関が協力して科学的助言のよりよい制度や体制を築き上げていくことが急務になっている。ところがわが国では、科学的助言に関係する主なアクターである科学者、学術団体、政治家、行政官などの間で科学的助言の役割や課題について理解が共有されているとは言いがたいのが現状である。これまでも行政側では厚生労働省や環境省などにおいて規制行政に科学的根拠をどう組み込むかが検討されており、学術の側でも日本学術会議が科学的助言を重視する姿勢を最近あらためて示しているが、それら関係機関の間で十分に議論がなされ理解が共有されているとは必ずしもいえない。今後は、こうしたアクターはもとより、産業界やメディア、そして一般市民などさらに幅広い層にも科学的助言の役割や仕組みの理解が広がっていくことが望まれる。

本書の大きな目的の一つは、科学的助言の全体像とその課題を分かりやすく示すことである。序章ではまず、近年なぜ科学的助言の重要性が増してきているのか、科学的助言にはどういう種類があって、どのような科学者ないし組織が科学的助言を行っているのかといった、科学的助言の議論にあたっての基礎となることがらについて解説する。

　つづいて第1章および第2章では、科学的助言をめぐる最近の議論を紹介する。科学的助言を有効に機能させるためには、科学と政治・行政はどのような関係性を結べばよいのだろうか。両者の価値観や行動様式は大きく異なるため、その間を有効に架橋するためには意識的な努力とルール作りが必要になる。第1章ではまず、科学的助言者と政府それぞれの役割領域を適切に設定することを通じ、科学的助言者の独立性の担保と両者間の相互作用の確保をうまく両立させる必要があるという点について論じる。次に第2章では、科学的助言のプロセスを注意深く設計すべきであるという認識が世界的に広まってきている状況を示しつつ、そのプロセスの各段階についての論点を紹介し、各国におけるルール作りの現状を概観する。そして第3章では、各国がそれぞれ特徴のある科学的助言の組織や制度を歴史的に形成してきたことを指摘したうえで、地球規模の政策課題に対応するための国際的な科学的助言組織やネットワークの現状と展望について述べたい。

　本書のもう一つの目的は、各政策分野の科学的助言の実際の仕組みを概観し、課題を抽出することである。第4章から第7章では、食品安全、医薬品審査、地震予知、地球温暖化の各分野について、わが国における科学的助言の組織とプロセスに焦点を当てる。これらはいずれも自然科学分野の知見が大きな役割を果たす政策分野である。同時に社会的関心の高い分野でもあって、そのためこれらの分野の政策形成過程についてはすでにさまざまな観点から分析されている。本書では、これらの分野に関して必ずしも新たな事実を明らかにすることを目指すのではなく、各分野で科学と政策とをつなぐ仕組み（制度や組織など）がこれまでいかに歴史的に形成されてきて、それらが現在どのような課題を抱えているかをみていく。

　科学的助言が重要な役割を果たす政策分野はほかにも多い。エネルギー、防災、情報通信、医療、農林水産、環境規制などが挙げられる。特に2011年の東日本大震災以降、わが国が置かれてきた文脈で考えれば、大規模自然災害や

はじめに　　iii

原子力発電に関わるさまざまな政策課題が存在する。そのような数多くの政策課題のうち、本書においては、放射性物質を含む食品の基準値設定に関わる科学的助言（第4章）および地震災害への対応に関わる科学的助言（第6章）について取り上げるにとどまったが、今後より検討を深めるべき幅広い政策課題が残されている。さらに、科学的助言が求められる政策分野として、人文社会科学が中心的な役割を果たす分野までを考慮に含めれば、外交、財政、地域振興などを含む広大な政策領域がある。そう考えると、本書が第4章から第7章でカバーする政策分野は限定的ではあるが、相異なる四つの分野を比較することで、いずれの分野でも科学技術と政治・行政が交わる領域において価値観と行動様式をめぐるせめぎあいがあり、両者をとりもつ仕組みが存在していることを指摘したい。

　つづいて第8章では科学技術政策、ないし科学技術イノベーション政策に目を向ける。この章では、科学的知見のさまざまな政策分野への適用の過程ではなく、科学技術の推進に関わる政策の形成過程をみる。科学技術政策はこれまで、ステークホルダーからの意見を取り込みつつ国内外の状況調査を踏まえて策定されてきた。しかし本来は、科学技術分野でどのように公的投資を行えば最も望ましい効果が得られるかを科学的に分析し、それを基に政策を策定できるようになると良い。現状ではそれは難しいが、そのための取組みは現在国内外で進行中である。科学技術政策そのものも科学的分析の対象となりつつあるのである。

　本書の執筆にあたっては、関連する内外の文献を参照するとともに、科学的助言に関する政策レベルでの国際的な議論を取り入れた。第3章で紹介するように、近年科学的助言に関する議論は世界的に加速している。最近では、著者らは経済協力開発機構（OECD）の科学的助言に関する検討プロジェクトの共同議長国として国際的な議論に参画した。また、著者らはそれぞれ過去に行政組織に所属した経験をもち、現在は政策分析および提言を行う組織に所属している。このため、本書は科学の視点と政治・行政の視点の双方に立脚して、概念的議論を踏まえつつも実践的な問題を扱った内容を目指したものとなっている。

　本書にはさらに、東京大学総長、日本学術会議会長、国際科学会議（ICSU）会長などの立場から長年にわたって科学的助言に関する議論に深く参画されて

きた吉川弘之氏による特別寄稿を収録した。科学的助言は、科学と政治・行政との協働により成り立つものであり、そのための仕組み作りにあたっては両者の価値観、行動原理、現状の課題と趨勢等に関する深い理解が必要になる。本書の序章から終章までは、こうしたテーマについて科学研究の実践者としての立場からの考察を深めた内容を十分に含んでいるとは必ずしもいえない。吉川氏による特別寄稿は、科学者の立場からみたとき科学的助言に関する議論には何が求められるか、そして科学者はいま何をなすべきかについての展望を示すものである。

　本書の内容は、多くの内外の関係者の方々との情報共有や意見交換のうえに成り立っている。とりわけ、各章に関してご意見を頂いた赤池伸一氏（文部科学省科学技術・学術政策研究所）、上山隆大氏（内閣府総合科学技術・イノベーション会議）、榎孝浩氏（国立国会図書館）、柿田恭良氏（文部科学省）、神里達博氏（千葉大学）、岸本晃彦氏（文部科学省科学技術・学術政策研究所）、倉持隆雄氏（科学技術振興機構研究開発戦略センター）、黒田昌裕氏（同、政策研究大学院大学）、小林信一氏（国立国会図書館）、杉山昌広氏（東京大学）、泊次郎氏（元朝日新聞社）、新山陽子氏（京都大学）、向殿政男氏（明治大学）に御礼申し上げたい。また、東京大学出版会の住田朋久氏には本書の構想を後押しして頂き、執筆に際しても重要な助言を頂いたことに深く感謝したい。なお、本書は、著者らが所属する科学技術振興機構研究開発戦略センターにおいて行った検討に基づくものであり、また科学研究費補助金基盤研究 (C)「政策に対する科学的助言システムの国際比較研究」（平成 26 ～ 28 年度）により行った研究成果の一部である。

　21 世紀の社会と、その社会の舵取りを担う政治・行政は、ますます科学技術との複雑な相互依存関係を深めていくことは間違いない。科学技術がもたらす社会の変化は従来にも増して加速し、質的に新たな段階に入っているようにみえる。情報通信分野では人工知能が人類の能力を超える可能性が現実味を帯び始め、生命科学分野では人間を含む生物の遺伝子を自在かつ容易に操作しうるゲノム編集技術が生命の観念を変えようとしている。そのような複雑で不確実な時代に生じてくる課題に的確に対応し、未来を切り拓いていくためには、科学的助言の仕組を一層進化、発展させていくことが求められる。そうした仕組みの構築を国際的に進めていくことも不可欠と考える。

目　次

はじめに　i

序　章　　現代社会と科学的助言 ……………………………………………1

1　科学的助言の歴史的背景　2

トランス・サイエンス概念の登場　　科学と政治の境界領域に関する議論の進展
ブダペスト宣言　　わが国における科学的助言への関心の高まり

2　科学的助言とは　8

科学的助言の構造　　エビデンスに基づく政策形成
Policy for Science（科学のための政策）と Science for Policy（政策のための科学）
科学的助言者の4類型　　本書の位置づけ

3　まとめ──科学と政治・行政のエコシステムの構築　17

第Ⅰ部　科学的助言の現状と論点　19

第1章　　科学的助言者の役割 ……………………………………………22

1　リスク評価者としての側面　23

リスク評価の対象　　リスクの評価とベネフィットの評価　　リスク管理
リスク評価とリスク管理の分離

2　科学的助言者像の一般論　30

誠実な斡旋者　　科学的助言者の役割領域と独立性の確保　　実践上の課題

3　まとめ──科学的助言者の独立性確保という課題　35

第2章　　科学的助言のプロセスと原則 ………………………………37

1　科学的助言の原則　38

英国──民主主義における科学の位置づけ　　米国──科学の健全性の確保
日本──東日本大震災への対応

2　科学的助言の4段階のプロセス　44

課題の設定　　助言者の選定と利益相反　　助言の作成　　助言の伝達と活用

3 重要性を増しつつある課題 **49**

　　　緊急時の科学的助言　　市民の関与　　法的責任

4 まとめ―― OECD による科学的助言のチェックリスト **53**

第3章　　各国の科学的助言体制とグローバル化 ……………………………**55**

1 各国の科学的助言組織の歴史と現状 **56**

　　　科学技術政策に関する会議　　審議会　　科学アカデミー等　　科学顧問等
　　　民主主義社会と科学的助言の正当性

2 科学的助言のグローバル化 **65**

　　　近年の急速な動き　　ICSU の歴史　　多様な国際的組織の登場とネットワーク化

3 まとめ――システム・オブ・システムズの形成に向けて **69**

第Ⅱ部　科学的助言の事例 　　　　　　　　　　　　　　　　　　　　 **73**

第4章　　食品安全――リスク評価の独立性をめぐる課題 ……………………**77**

1 食品分野の行政組織 **78**

　　　従来の一体的な体制　　BSE 問題の発生
　　　食品安全基本法の制定と食品安全委員会の設置　　国際的動向

2 BSE 検査 **84**

　　　全頭検査の実施　　全頭検査の見直しをめぐる議論

3 放射性物質を含む食品のリスク管理 **86**

　　　リスク評価に基づかない暫定規制値の緊急設定　　難航したリスク評価
　　　二つの方針　　リスク管理機関での議論

4 まとめ――求められるコミュニケーションと相互理解 **94**

第5章　　医薬品審査――多様なステークホルダーの関与 ………………………**96**

1 科学的助言システムの成り立ち **97**

　　　薬害と医薬品審査体制構築の歴史　　PMDA の誕生

2 利益相反の背景と事例 **100**

　　　利益相反への意識の高まり――エビデンスの中立性・信頼性への脅威
　　　タミフル問題　　ルールの整備　　イレッサ問題　　政官業学の関係

3 科学的助言体制の改革に向けた議論 **106**

　　　医薬品行政の改革に向けた動き　　PMDA と厚生労働省との関係
　　　日本の審査体制の特徴

目　次　vii

4　まとめ——透明性・独立性の確保に向けての課題　111

第6章　地震予知——科学の不確実性への認識と対応 ……………………113

　1　科学的助言体制の整備　113

　　　国民の強い期待　　東海地震説の影響　　大震法制定に関する議論
　　　判定会の設置と役割

　2　地震災害への対応の方針転換　121

　　　阪神・淡路大震災の発生——全国的な長期評価へ　　判定会会長の辞任
　　　東日本大震災——科学者の役割に関する議論
　　　ラクイラ地震の経緯と学び——科学者の法的責任

　3　まとめ——科学の意味や限界を伝える役割と責任　128

第7章　地球温暖化——国際的な科学的助言体制の構築 ………………………130

　1　科学的助言体制の成立　130

　　　科学者による問題提起　　IPCC の誕生　　国際世論の強まり

　2　科学に基づく政治的合意——京都議定書　136

　　　迅速だった総論賛成　　ベルリン・マンデート　　難航する日米の国内調整
　　　各論の棚上げによる合意

　3　構造的問題の露呈　140

　　　実効性の喪失　　ポスト京都議定書の困難　　気候変動の科学の信頼性の危機
　　　IPCC への賛否　　モメンタムの低下　　パリ合意——実効性の確保に向けて

　4　まとめ——国際政治の現実と科学的助言の役割　148

第8章　科学技術イノベーション政策——強まるエビデンス志向 …………150

　1　助言体制の進化　151

　　　基本的な組織的枠組みの成立　　省庁再編後　　司令塔 CSTI の性格

　2　科学技術基本計画を支えるエビデンス　155

　　　第1期——短期集中型の検討　　第2期——有識者ヒアリングと海外調査
　　　第3期——膨大なレビュー調査
　　　第4期——政権交代がもたらした政治のイニシアチブ

　3　科学技術イノベーション政策のための科学　165

　　　エビデンス活用の質的な高度化　　米国でのイニシアチブ開始
　　　欧州の動き　　わが国の取組み

　4　まとめ——エビデンスの体系化と高度化への期待　169

viii

終　章　　21世紀の科学技術の責務と科学的助言……………………………………171

1　20世紀の反省と21世紀の新しい価値　　172

　　　ブダペスト宣言の意味　　21世紀社会の予測と世界認識
　　　科学技術の方法の現在と21世紀の変革

2　今後の科学的助言の方向　　174

　　　科学技術の公共政策の転換　　科学的助言の構造と方法の成熟に向けて
　　　科学的助言の知的基盤の強化と人材育成

3　行動の提案　　179

特別寄稿　　科学的助言における科学者の役割　……………………………………183

1　科学者へのメッセージ　　185

　　　科学への信頼と社会との対話　　わが国での歴史的な取組み
　　　科学者の助言活動への参画のあり方

2　科学者の役割　　188

　　　助言の分類　　独立性と中立性　　福島第一原子力発電所事故からの教訓
　　　有益な助言を作り出す仕組みの必要性　　水俣病の事例　　最近の動き

3　助言者としての科学者のあるべき姿　　199

　　　科学者に要請される行動　　科学的助言者の資質とスタンス

付録（年表、略語一覧）　　205
索引　　215
著者紹介　　222

序章　現代社会と科学的助言

　21 世紀に入り、とめどないグローバル化の進展、情報通信技術の飛躍的発展と、気候変動、エネルギー、感染症、サイバーセキュリティなど地球規模課題の増大によって、科学技術と社会・経済・市民生活との関係は歴史的な再構築を迫られている。従来型の政府組織と分野別の専門家では対応できない複雑で不確実性の高い課題が急増し、タイムリーに的確な政策を打ち出すことが困難な場面が増えている。このため、世界的に科学的助言の体制やプロセスの整備が求められている。

　科学的助言とは、政府が特定の課題について妥当な政策形成や意思決定をできるよう、科学者（技術者、医師、人文社会分野の科学者等を含む）やその集団が専門的な知見に基づく助言を提供することである。例えば、各府省は審議会を多数設置し、そこに各分野の有識者を集めて検討を行うことで必要な専門的知見の提供を受ける。その他にも、政府は組織レベル・個人レベルのさまざまなルートで科学的助言を受け、それを他の政治的、経済的、社会的要因とあわせて総合的に判断し、政策を決定している。科学的知見をいかに政策に取り入れるかは近年ますます重要な課題となっており、科学的助言システムのあり方は実践的な観点からも学術的な観点からも世界的に注目を集めている。

　現代社会において、科学的助言を政策形成に用いる流れは着実に強まってきた。その背景としては、健康医療や環境などの分野で市民生活へのリスクを厳しく管理すべきとする社会的要請が強まってきていること、限られた財政資源で最大の政策的効果を挙げるために合理性の高い政策がますます必要になっていること、民主主義の成熟が進んで政策決定に関する国民への説明責任が一層要請されていることなどが挙げられる。今後も政策形成の過程において科学的助言が占める位置づけは拡大し、科学的助言者と、それを受け止めて政策に組み込む政策担当者の役割も重要性を増していくだろう。

1 科学的助言の歴史的背景

　歴史的にみると、科学と政策形成の関係について問題意識がみられるようになったのはおおむね 1970 年代からである（Box 0.1 を参照）。それ以前も科学的知見は政策形成に用いられていたが、その大まかな前提は、中立的で正しい科学的知識を適用すればよりよい政策を導けるだろうという単純なものだった。1970 年代からはそのような素朴な構図が崩れ始め、科学の領域と政策の領域は判然と二分できるものなのか、科学は本当に中立的な知見をいつも提供できるのか、といったことが問われるようになる[1]。そうした議論が今日までどのように展開されてきたのか、いくつかの象徴的な出来事に焦点をあてながら振り返ってみたい。

トランス・サイエンス概念の登場

　1972 年、米国のオークリッジ国立研究所長だった核物理学者アルビン・ワインバーグは、「科学とトランス・サイエンス」という論文を発表した[2]。この論文でワインバーグは科学と政治の間には境界領域が存在していると述べ、この領域をトランス・サイエンスと呼んだ。より一般的には、トランス・サイエンスとは、科学によって問うことはできるが科学だけでは答えることのできない問題領域と定義され、そのような問題が現代社会には山積しているとワインバーグは警告した。彼はそのような問題の具体的な事例として、低レベル放射線の生物への影響、原子炉の過酷事故、巨大地震などを挙げている。これらは現在私たちが直面している課題と一致している。

　ワインバーグがトランス・サイエンスの概念を提唱した時期は、世界的に科学技術と社会との関係に大きな変化が起きていた時期に重なる。1962 年に米国の生物学者レイチェル・カーソンが農薬による生態系への影響を告発する『沈黙の春』を出版したことを契機に、世界的に環境問題への意識が高まり、やがて各国で公害が社会問題となった。長期化するベトナム戦争で用いられた枯葉剤なども科学技術の陰の側面を浮き彫りにした。1972 年には国連人間環境会

---

1) Sheila S. Jasanoff, "Contested Boundaries in Policy-Relevant Science," *Social Studies of Science* 17: 2 (May 1987), pp. 195–230.
2) Alvin M. Weinberg, "Science and Trans-Science," *Minerva* 10: 2 (1972), pp. 209–222.

Box 0.1 1960 年代の米国における科学的助言

　第二次世界大戦後の米国においては、ソ連との冷戦状態が続くなか、核兵器や
その運搬手段である弾道ミサイルの開発が国家安全保障上の中心的な政策課題と
なり、特に 1957 年にソ連が米国に先駆けて世界初の人工衛星スプートニク 1 号の
打上げに成功してからは、幅広い分野の基礎研究から応用研究までが手厚い公的
支援を受けるようになった。このため、米国では科学者・技術者が連邦政府の政
策決定に大きな影響力をもつこととなり、実質的に科学的助言が早い時期から大
きな役割を果たしていた。スプートニク 1 号の打上げ直後には、正式に初代の大
統領科学顧問と大統領科学諮問委員会（PSAC）が置かれている[3]。なお、英国で
初代の政府主席科学顧問が正式に置かれたのは 1964 年である。

　このように科学者・技術者が連邦政府の政策形成に深く関与するようになった
ことについて、アイゼンハワー大統領が離任演説（1961 年）において懸念を示し
たことは広く知られている。アイゼンハワーは、「軍産複合体」の影響力が大き
くなり過ぎて米国の自由や民主主義のプロセスを危険にさらすようになる可能性
を指摘するとともに、公共政策が科学技術エリートに支配される危険性への警戒
を呼びかけた[4]。しかし、1960 年代には科学的・合理的分析に基づく政策形成
が現実に志向された。アイゼンハワーの次のケネディ政権期には、政権中枢に高
度な学識や実務経験をもつエリートが多く配置される。当時はこれをテクノクラ
シーの台頭として懸念する議論もあったが、一般的には科学は合理的な解を幅広
い政策分野に提供できる有用なツールとして単純に認識されていたといえる。

　一方、1960 年代にも科学的助言に関わる問題点を体系的に整理していた論者は
少数ながら存在した。その代表的存在がハーバード大学の科学技術政策プログラ
ムの創始者ハーベイ・ブルックスである。ブルックスは 1964 年の論考のなかで、
諮問委員会委員のバランスのとれた選定、科学者側と政策担当者側との適切な役
割分担とコミュニケーション、科学的助言の不確実性の適切な取扱い、利益相反
の公開など、本書で取り扱うテーマの多くに触れている[5]。このようなブルック
スによる科学的助言という概念的枠組みに基づく議論は、1970 〜 80 年代にはそ
れほど進展しなかったが、1990 年代以降再び注目されて現在に至る。

---

[3] Zuoyue Wang, *In Sputnik's Shadow: The President's Science Advisory Committee and Cold War America*（New Brunswick, NJ: Rutgers University Press, 2009）.

[4] Eisenhower's Farewell Address, January 17, 1961.

[5] Harvey Brooks, "The Scientific Advisor," in Robert Gilpin and Christopher Wright（eds.）, *Scientists and National Policy Making*（New York: Columbia University Press, 1964）, pp. 73-96.

議（ストックホルム会議）が開催され、国連環境計画（UNEP）が設立された。一方で同年、世界的に有名なシンクタンクであるローマクラブが報告書「成長の限界」のなかで地球の有限性を指摘したうえで、環境汚染などにより 100 年以内に地球上の成長は限界に達すると警告した。このように科学技術が社会に与える影響には正負両面があることの認識が急速に高まるなか、1972 年には米国議会に技術評価局（OTA）が設置され、社会に適合する技術を求める「適正技術」などの考え方も注目を浴びるようになった。この頃から科学技術と社会との関係がはっきり新しい段階に入ったといえる。

科学と政治の境界領域に関する議論の進展

　ワインバーグがトランス・サイエンスと呼んだ科学と政治の間の境界領域については、米国を中心にその後さまざまな角度から学問的検討が進められた。その背景には、当時米国で発がん性物質をはじめ健康や環境に関するリスクが大きな社会問題となり、訴訟も頻発していたことがある。そして間もなく、レギュラトリーサイエンスという概念が現れてきた[6]。第 1 章でも触れるが、レギュラトリーサイエンスとは医薬品規制や環境規制などの規制行政分野において政策の立案・実施に必要とされる科学である。1985 年にワインバーグが規制行政における科学の役割について論じるなかでこの言葉をやや曖昧な形で用いて以来、次第に定着した用語となった[7]。

　1990 年頃からは、科学的助言という言葉が認知度を高め始める。米国の科学技術社会論（STS）の研究者シーラ・ジャサノフが 1990 年に刊行した『第五の権力』は、レギュラトリーサイエンスの実証研究を通して科学的助言の性格を

---

6) レギュラトリーサイエンスという概念が 1990 年頃に確立するまでは、科学と政治の間の境界領域はしばしば「科学政策（science policy）」という言葉でも呼ばれ、多様な研究者により議論が展開された。T. O. McGarity, "Substantive and Procedural Discretion in Administrative Resolution of Science Policy Questions: Regulating Carcinogens in EPA and OSHA," *Georgetown Law Journal* 67 (1979), pp. 729-810; N. A. Ashford et al., "Law and Science Policy in Federal Regulation of Formaldehyde," *Science* 222 (November 25, 1983), pp. 894-900. また、Sheila Jasanoff, *The Fifth Branch: Science Advisers as Policymakers* (Cambridge, MA: Harvard University Press, 1990), pp. 5-9 を参照。

7) Alvin M. Weinberg, "Science and Its Limits: The Regulator's Dilemma," *Issues in Science and Technology* 2: 1 (1985), pp. 59-72; Mark E. Rushefsky, *Making Cancer Policy* (New York: SUNY Press, 1986). 齊尾武郎・栗原千絵子「レギュラトリーサイエンス・ウォーズ—概念の混乱と科学論者の迷走」、『臨床評価』第 38 巻第 1 号、2010 年、177-188 頁。

4

論じ、その後のこの分野の学術研究の流れを作り出した[8]。1996 年には世界の科学コミュニティの代表である国際科学会議（ICSU）の外部評価委員会が ICSU の科学的助言機能の強化を提言する[9]。同委員会の報告書は、ICSU の科学的助言機能の重要性が今後増してくる可能性があるため、ICSU は健全で信頼できる科学的助言を行うための指針を定める必要があると指摘した。

このような流れの背景には、各国において医薬品や化学物質等の規制行政の改善・精緻化を求める社会的要請が強まってきたこと、さらにそうした科学的助言を必要とする政策課題が国内的な課題から地球環境問題や感染症のような国際的広がりをもつ課題へと拡大してきたことなどが挙げられるだろう。科学的助言に関する検討の進展を促した特に重要な 1990 年代の出来事としては、英国を中心に牛海綿状脳症（BSE）をめぐる政府と科学界の対応が大きな社会的問題となったこと、気候変動問題への対応に関する国際的議論が急速に進んだことなどが挙げられるが、これらについてはそれぞれ第 4 章および第 7 章で取り扱う。

ブダペスト宣言

1970 年代以降に進展してきた科学技術と社会との関係の変化の一つの到達点となったのが、1999 年に世界科学会議で採択された「ブダペスト宣言」である。この会議は ICSU と国連教育科学文化機関（UNESCO）の共催で開かれたもので、ハンガリーの首都ブダペストに約 2000 人の科学者、技術者、政治家、ジャーナリスト、産業人、行政官などが集まった。会議のテーマは 21 世紀の科学の責務、社会との契約である。今後科学技術を 20 世紀のようにどんどん進めていって、市民や人類が持続的にサポートしてくれるのかという深刻な問題設定であった。科学者・技術者は、生命科学、情報通信技術、ナノテクノロジーなど各分野で論文を書いてさえいればよいのか。知識を生産していれば自ずから社会が進歩するという単純なモデルは 21 世紀においては通用しないのではないか、という視点から議論がなされた。

会議の参加者が 1 週間議論してまとめた「ブダペスト宣言」では、21 世紀の科学の四つの責務が掲げられた。すなわち、従来より追求されてきた「知識の

---

8) Jasanoff, *The Fifth Branch*.

9) ICSU Assessment Panel, *Final Report*, October 1996.

序章　現代社会と科学的助言　　5

ための科学」に加えて、「平和のための科学」、「開発のための科学」、「社会の
なかの科学、社会のための科学」が重視されるべきであると明記された。この
うち、「平和のための科学」と「開発のための科学」は「社会のなかの科学、
社会のための科学」に包摂される概念とみなしうるが、平和の維持や途上国の
持続的開発が国連の中心的な使命であることから特記されたものと思われる。
このブダペスト宣言は、現在に至るまで各国の科学技術政策の理念として浸透
してきている。わが国では、いち早く第2期科学技術基本計画（2001年3月閣
議決定）において科学技術と社会との関係の重視が掲げられ、その後もそうし
た傾向が強まってきた。

わが国における科学的助言への関心の高まり

2000年代には科学技術と社会との関係の緊密化を広く人々に実感させる出来
事が相次いだ。国際的なレベルでは引き続き地球環境問題が関心を集めたが、
日本国内でも食の安全や感染症、医薬品の副作用などが幾度となく社会問題化
した（巻末年表参照）。そうしたなか、科学技術と政策との関係のあり方への問
題意識も高まり、海外では科学的助言に関する本格的な研究の成果も相次いで
出版された[10]。一方、わが国では、第1章で扱うリスク分析などの文脈でこう
した問題に関する議論が行われ、また日本学術会議では科学的助言の重要性が
議論され始めてはいたものの[11]、科学的助言という考え方の枠組みのなかでの
現実の問題の解決に向けた検討はあまりなされなかった。

ところが、2011年3月11日に東日本大震災が発生した後、わが国でも科学
技術の知見が政府の対応に十分に活かされなかったのではないかという批判が
高まり、科学技術と政治・行政との関係に関心が集まった（Box 0.2を参照）。そ
して、第2章で触れるように、2013年1月には日本学術会議が声明「科学者
の行動規範 改訂版」を公表し、科学的助言のあり方について同会議としての

---

10) Sabine Maasen and Peter Weingart (eds.), *Democratization of Expertise?: Exploring Novel Forms of Scientific Advice in Political Decision-Making* (Dordrecht: Springer, 2005); Roger A. Pielke, Jr., *The Honest Broker: Making Sense of Science in Policy and Politics* (Cambridge: Cambridge University Press, 2007); Heather E. Douglas, *Science, Policy, and the Value-Free Ideal* (Pittsburgh: University of Pittsburgh Press, 2009); Justus Lentsch and Peter Weingart (eds.), *The Politics of Scientific Advice: Institutional Design for Quality Assurance* (Cambridge: Cambridge University Press, 2011).

11) 吉川弘之「行革の中の改革」、『学術の動向』第8巻第8号、2003年8月、7-16頁。

原則的考え方を表明する（Box 2.2 を参照）。さらに、2016 年 1 月に閣議決定された第 5 期科学技術基本計画では、海外の動きに留意しつつわが国の科学的助言の仕組みや体制等の充実を図っていく必要性が明記されることとなった（Box 2.3 を参照）[12]。

Box 0.2　東日本大震災と科学的助言

　わが国においては、2011 年 3 月 11 日に発生した東北地方太平洋沖地震、津波、そして東京電力福島第一原子力発電所事故が重なった東日本大震災によって、科学技術と社会との関係が危機的な形で顕在化し、これをきっかけに科学と政治とをつなぐ仕組みの重要性が深刻に認識された。日本では当時、首相官邸が直接指揮をとり、情報が錯綜するなかで政府と東京電力株式会社が対応を進めたが、対応方針を定めるために必要な科学的助言を適時に作成しそれを受け止める体系的な仕組みが存在せず、政治家が個人的につながりのある科学者・技術者から助言を受ける場面もあった。

　一方、当時米国は日本に対して「トモダチ作戦」を展開して支援を行ったが、その際には科学的助言が鍵となる役割を果たした。例えば、原子力発電所から半径 50 マイルの退避区域を 200 マイルに拡大するかどうかについて連邦政府部内で意見が割れたとき、大統領補佐官（科学技術担当）のジョン・ホルドレンは独自の分析をもとに退避区域拡大論を却下している[13]。また、英国もジョン・ベディントン政府主席科学顧問（GCSA）を中心に状況分析を行い、東京周辺にいる英国人に対して退避の必要性はない旨の助言を行ったが、これは英国人だけでなくわが国の対応にも大きな影響を与えた[14]。

　当時、日本の科学的助言システムの欠如は海外から痛烈な批判を受けた[15]。1960 年代の水俣病、1980 年代の薬害エイズ、1990 年代の BSE 問題などの際にも同様の問題を経験していながら改善がなされていないという厳しい指摘もあった。そのようななかで、日本国内でも科学的助言に関する問題意識が高まり、数多くのシンポジウム等も開催された。

---

12) Yasushi Sato and Tateo Arimoto, "Five Years after Fukushima: Scientific Advice in Japan," *Palgrave Communications* 2: 16025（June 7, 2016）.

13) 船橋洋一『カウントダウン・メルトダウン』上下、文藝春秋、2013 年。

14) Robin W. Grimes, Yuki Chamberlain, and Atsushi Oku, "The UK Response to Fukushima and Anglo-Japanese Relations," *Science and Diplomacy* 3: 2（June 2014）.

15) "Critical Mass," *Nature* 480（December 15, 2011）, p. 291.

とはいえ、わが国では科学的助言に関する議論は未だごく限定的にしか認知されていない。本来であれば、医薬品規制、環境規制、食品安全といった行政分野に関わる行政官や科学者などの関係者の間で、科学的助言に関して近年世界的に行われている議論が共有されるべきである。これらの規制行政分野ではレギュラトリーサイエンスやリスク分析の考え方は一定程度浸透しているが、その実践を担っているコミュニティと、科学的助言に関して最近関心を高めている科学技術分野の行政官や公共政策の研究者などのコミュニティの間に意思疎通がほとんどみられないのが現状である。これは多かれ少なかれ世界各国でみられる状況だといえるが、両者間の情報・知見の共有を進めることは今後の重要な課題と思われる。

2　科学的助言とは

科学的助言の構造

　国内外で科学的助言の重要性が急速に高まるなか、どのような考え方で科学的助言の仕組みを作っていけばよいのか。科学的助言の本質は科学と政治の架橋である（図 0.1 を参照）。政治家は政策を決定し、行政がこれを実行する。政治は規範的であり一定の価値の実現を目指す。科学は客観的で価値判断から中立であることが原則であり、それによって健全性を維持してきた。両者は異なる価値観と行動様式をもち、疎遠になりがちであるが、現代社会が抱える多くの複雑な問題を解決するためには、双方が信頼の下に繋がりコミュニケーションが成り立っていなければならない。そのための媒介機能を果たす科学的助言

図 0.1　科学と政治の価値観の相違と科学的助言 16)

---

16) 2011 年 11 月 26 日に開催されたシンポジウム「東京電力福島原子力発電所事故への科学者の役割と責任について」における全米科学アカデミー Kevin D. Crowley 氏による発表資料を参考に作成。

者や組織、シンクタンクの存在が不可欠であり、必要な人材の育成もまた重要である。なお、科学と政治の間の境界は、連続的に価値観や行動様式が変化する領域であり、科学的助言者やシンクタンク組織には政治側に近いものも科学側に近いものもあり、その位置づけは課題あるいは局面によって変化しうる。多様な関係者が図 0.1 のような構図について理解を共有することが、有効な科学的助言システムの構築にあたって不可欠である。

エビデンスに基づく政策形成

　科学的助言の議論においては、「エビデンス（科学的根拠）」という言葉がよく用いられる。世界的にみて、エビデンスに基づく政策形成を求める流れは近年次第に拡大してきた。先述したように、医薬品規制、環境規制などの分野ではエビデンスに基づく政策形成が 1980 年代以前から当然のものとして実践されていたが、1990 年代以降は他の政策分野（医療、教育、社会福祉、刑事司法、科学技術等）でもエビデンスに基づく政策という考え方が次第に広がってきた[17]。その背景としては、各国で財政資源が限られるなか戦略的・合理的な政策が要請されるようになってきたこと、また民主主義の成熟度が深まり、政策決定に関して国民への説明責任が一層求められるようになってきたことが挙げられるだろう。エビデンスに基づく政策形成は、一般に費用対効果の高い公共政策の立案・実施を可能にすると考えられ、またそのプロセスの合理性についての説明を容易にするという利点をもつ。

　ただし、政策分野によってエビデンスという言葉の意味は少しずつ異なる。医薬品規制のように自然科学が大きな重要性をもつ分野もあれば、教育政策や社会福祉政策のように人文社会科学の比重が大きい分野もある。また、例えば医療分野においてエビデンスに基づく医療というとき、それは動物実験等に基づく生体メカニズムに関する知見よりも、臨床研究の結果等を統計的に分析して得られる知見（疫学的知見）を重視することを意味する[18]。このようにエビデンスとは、必ずしも普遍的な定義をもつ概念ではないが、科学的助言の議論において広く用いられる用語である（Box 0.3 を参照）。

---

17) Sandra M. Nutley et al., *Using Evidence: How Research Can Inform Public Services* (Bristol: Policy Press, 2007).
18) 津田敏秀『医学的根拠とは何か』、岩波書店、2013 年。

Box 0.3　エビデンス（科学的根拠）とは何か

　エビデンスとは、科学的見地に基づく知見や事実である。ただし、純粋に科学的な見地に基づくものではなくてもエビデンスとみなされる場合がある。例えば、科学者が自らの専門家としての判断を交えつつ表明した見解や、アンケートの結果もエビデンスであるとする立場もありうる。従ってエビデンスという概念には幅があるが、何らかの客観性・合理性を備えていることがエビデンスとしての要件であるといえるだろう。定性的な情報もエビデンスとなりうるが、定量的な情報が特に重視されることもある。

　データそのものがエビデンスとなる場合もあるが、データをさまざまなレベルに加工・処理したものがエビデンスとなる場合もある。近年の情報通信技術の急速な進展に鑑みれば、取扱い可能なデータ量の爆発的増加とデータ処理手法の絶え間ない革新によってますます説得性の高いエビデンスが生まれ、政策形成に用いられるようになることが予想される。このことは、特に人文社会科学分野でのエビデンスの有用性を飛躍的に高めるポテンシャルをもっている。

Policy for Science（科学のための政策）と Science for Policy（政策のための科学）

　科学的助言には、「Policy for Science（科学のための政策）」の助言と「Science for Policy（政策のための科学）」の助言がある（表 0.1）。この区別は、古くはハーバード大学の科学技術政策プログラムの創始者ハーベイ・ブルックスが 1964 年に導入し、その後経済協力開発機構（OECD）や ICSU などの場を通じて国際的に普及してきたものである[19]。「Policy for Science」は科学技術政策ないし科学技術イノベーション政策（STI 政策）を対象とした助言であり、一方、「Science for Policy」は STI 政策だけでなく医療、環境、エネルギー、防災、教育、外交等あらゆる政策分野を対象とした助言である。両者とも、その助言

---

19) Harvey Brooks, "The Scientific Advisor," in Robert Gilpin and Christopher Wright (eds.), *Scientists and National Policy Making* (New York: Columbia University Press, 1964), pp. 73–96. ただしこの論文では「Science in Policy」と「Policy for Science」という語が用いられていたことに留意が必要。OECD, "Science, Growth, and Society: A New Perspective: Report of the Secretary-General's Ad Hoc Group on New Concepts of Science Policy," 1971, p. 37; 小林信一「科学技術政策とは何か」、国立国会図書館調査及び立法考査局『科学技術政策の国際的な動向』本編、2011 年 3 月、11 頁。ICSU Assessment Panel, *Final Report*, October 1996.

表 0.1　科学的助言の対象と内容

科学的助言の種類	Policy for Science	Science for Policy
助言対象	科学技術政策分野ないし STI 政策分野	多様な政策分野 （医療、環境、エネルギー、…）
助言内容の主な基盤	エビデンス（科学的根拠） 科学者の広範な知見*	エビデンス（科学的根拠）

> ＊ 「科学者の広範な知見」とは、科学者がそれまで培ってきた専門的知見や
> 経験を通じて得られる、専門分野の今後の発展性やそれが社会・経済に及ぼ
> す影響に関する見通し等を指す。これは、科学技術政策の立案にあたっては
> 客観的なエビデンスに基づく検討が可能な部分が限られており、科学者の経
> 験および実績に裏うちされた主観的な判断や議論が必要であるという現状が
> あるためである。一方で、医薬品審査や環境規制などの分野で求められる
> 「Science for Policy」の助言は、少なくとも理念的には主として客観的なエ
> ビデンスに基づくものであるべきといえるだろう。ただしこれらの分野でも、
> 最終的には主観的判断および社会経済や世論の動向を含めさまざまな要因が
> 総合的に考慮されたうえで政策立案がなされることは言うまでもない。

内容の主な基盤となるのはエビデンスであるといえるが、「Policy for Science」の場合には、エビデンスに加えて、科学者が有するより広範な知見が科学的助言の重要な基盤となるといえよう。ここで科学者の広範な知見とは、科学者がそれまで培ってきた専門的知見や経験を通じて得られる、専門分野の今後の発展性やそれが社会・経済に及ぼす影響に関する見通しなどを指している。

表 0.1 で示したように、「Policy for Science」と「Science for Policy」は概念的には分離され、ともに科学的助言の一部であって互いに補完的関係にあるといえるが、実際の政策現場では両者の関係は複雑であり、重複しうる。例えばわが国の文部科学省の科学技術・学術審議会は、科学技術・学術政策に関して答申することから「Policy for Science」の助言を行っているといえるが、科学技術・学術政策も政府の政策分野のうちの一つであるともいえるから、それに対するエビデンスに基づく助言は「Science for Policy」の助言であるといえる。

「Policy for Science」と「Science for Policy」の概念をさらに複雑にしているのは、そもそも科学技術政策や STI 政策という概念が曖昧であるということである（Box 0.4 を参照）。「Policy for Science」は科学技術政策ないし STI 政策に対する助言を指すといっても、STI 政策の外縁には高等教育政策、産業政策、環境・エネルギー政策、健康医療政策なども含まれうる。

序章　現代社会と科学的助言　　11

Box 0.4　科学技術イノベーション政策（STI 政策）とは何か

- STI 政策は、生命科学分野、情報通信技術分野など特定の STI 分野ないし少子高齢化、地球環境保全など特定の社会的課題に対応するための STI に関する政策（分野・課題別政策）と、特定の分野・課題によらず横断的に STI 推進のための共通基盤を整備するための政策（STI 推進基盤政策）の二つに大別できる（図 0.2 を参照）[20]。後者には、STI 分野の人材育成、産学連携、研究開発資金制度、研究開発評価、国際協力などに関する政策が含まれる。概念的には両者の間に重複部分はないが、実際の施策は例えば「情報通信技術分野の人材育成」「厚生労働分野の研究開発資金制度」のように両者の組合せによるものも多い。

- STI 政策の範囲は広い。STI 推進基盤政策、分野・課題別政策の双方とも、高等教育政策、産業政策、健康医療政策、農林水産政策、環境・エネルギー政策などと大きな重複部分をもつ。初等中等教育政策、情報通信政策、国土交通政策、防衛政策、福祉政策などとの重複部分もある。また、特に STI 推進基盤政策は、財政政策、外交政策、地域政策、労働政策、金融政策などと強い関連をもち、加えて税制や規制改革、公共調達、政策金融、入国管理などとも複雑にリンクしている。このように STI 政策の外縁は大きな広がりをもっている。

- STI 政策の対象には人文・社会科学も含む。わが国の STI 政策の司令塔である総合科学技術・イノベーション会議（CSTI、第 8 章で詳述）も、人文・社会科学を含む総合的な STI 政策の議論を重視している。ただし、現実の政策的議論の場においては人文・社会科学が十分に意識されずに議論されることも多い。

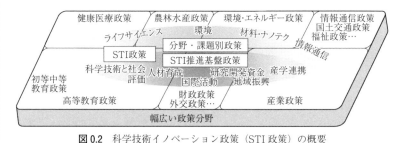

図 0.2　科学技術イノベーション政策（STI 政策）の概要

---

20) 科学技術振興機構研究開発戦略センター「科学技術イノベーション政策の俯瞰―科学技術基本法の制定から現在まで」、2015 年 2 月。

また、最近では人工知能（AI）やゲノム編集技術など、人間存在や社会の基礎構造を根源的に変えてしまいかねない新しい科学技術が出現しつつあるが、そうした新たなタイプの科学技術に関わる助言は、その潜在的な社会的影響力の大きさを考えれば「Policy for Science」の範疇におさまるとは到底考えられず、広範な社会経済政策の問題に関わる「Science for Policy」の助言としての性格を併せもつものであると考えることができる。

科学的助言者の4類型

　世界各国の政府は、科学的助言を個人レベルおよび組織レベルにおいてさまざまな形で入手している。多くの場合、行政官は所管業務の関連分野の専門家と人的つながりを維持しており、個人的にインフォーマルな形で助言を受けることもある。一方、よりフォーマルな形で科学的助言を入手する場合もある。そのような場合の科学的助言者（個人の場合も組織の場合もある）としては、各国の例をみれば次の四つの類型がある（詳しくは第3章を参照）。

(a) 科学技術政策に関する会議

　科学技術政策に関する政府の最高レベルの審議機関。イノベーション政策等を審議の対象に含めることも多い。学界からだけでなく産業界からのメンバーなどが加わっている場合も多く、関係閣僚もメンバーとして含まれている場合もある。米国の大統領科学技術諮問会議（PCAST）、英国の科学技術会議（CST）、日本の総合科学技術・イノベーション会議（CSTI）などが挙げられる。多くの場合、政府組織の一部として設置されるが、ドイツの研究イノベーション専門家委員会（EFI）のように政府から独立した組織である場合もある。基本的に「Policy for Science」の助言に重点を置く組織である。

(b) 審議会

　有識者（科学者だけでなく利害関係者等も含む場合がある）を集めて特定の政策分野・課題に関して審議を行う。保健医療分野や環境分野など自然科学分野の知見が中心的な役割を果たす審議会もあれば、財政や外交など必ずしもそうでない審議会もある。通常、法令に基づいて設置されるが、よりインフォーマルな組織の場合もあり、例えばわが国では大臣や局長の下に「研究会」「懇談会」といった名称の私的諮問機関が置かれることも多い。

(c) 科学アカデミー等

各国には、科学者の代表が集まる科学アカデミーが置かれている。米国では全米科学工学医学アカデミー、英国では王立協会、日本では日本学術会議がそれにあたる。科学アカデミーは、科学者としての意思や見解を政府や社会に対して提示する科学的助言者としての機能と、多くの功労を成した科学者の顕彰機関としての機能とをあわせもつ場合が多い（ただし日本では後者の機関として日本学士院が別途置かれている）。各国の科学アカデミーが助言を作成する際には、通常、内部で委員会を立ち上げて審議を行う。その活動は政府予算・民間団体の支援等で行われている場合が多いが、支援元からは独立の立場から助言を行うのが通例である。

科学アカデミーのほかにも、個別の学問分野の学会や協会、官民のシンクタンク、公的研究所等が科学的助言を行う場合もある。

(d) 科学的助言を行う個人（いわゆる「科学顧問」等）

政府首脳に対して科学的助言を行う個人を科学顧問として任命している国がある。英国の政府主席科学顧問（GCSA）、米国の大統領科学顧問、オーストラリアの主席科学者などである。これらの科学顧問は、政治の世界と科学の世界の結節点として非常に重要な役割を果たす。特に災害発生時など緊急の対応を要する場合に適時の科学的助言を行うことができるとされている。各省庁の長に助言を行う科学顧問が置かれている場合もある。一方、ドイツやフランスなど科学顧問が置かれていない国も多い。日本でもこれまで基本的には科学顧問は置かれてこなかったが[21]、第3章で触れるように2015年9月、外務大臣科学技術顧問として岸輝雄氏が初めて任命された[22]。

この科学的助言者の4類型は、OECDの科学技術政策委員会（CSTP）による報告書「政策形成のための科学的助言—専門家組織と科学者個人の役割と責任」に示されているものである。この報告書を作成したOECDの国際研究プロジェクト（共同議長：有本建男（日本）、Mauro Rosi（イタリア）、Jack Spaapen（オランダ）、Jan Wessels（ドイツ））は、2013年から約2年間、各国の制度や体制の

---

21) 例外的に、2006年から2008年まで、第一次安倍政権および福田政権のもと、黒川清氏が内閣特別顧問（科学、技術、イノベーション担当）に任命された。

22) 外務省報道発表「外務省参与（外務大臣科学技術顧問）の任命」、2015年9月24日。

比較調査及び関係者へのインタビュー等を行い、2回の国際ワークショップ（東京（2013年10月）、ベルリン（2014年2月））を経て報告書を作成し[23]、2015年10月に開催されたOECD-CSTPが主催する閣僚会議に報告した。その後は、検討の第二段階として、緊急事態への対応における国境を越えた科学的助言のあり方に関して議論を進めている。このような国際的な検討の場が近年増えていることについては第3章で詳しく紹介したい。

本書の位置づけ

以上みてきたように、科学的助言とは包摂的な性格をもつ概念である。多様な科学的助言者による多様な政策分野への助言があり、Policy for Science とScience for Policy という、異なる種類の助言の双方が科学的助言という概念の範疇に含まれている。歴史的にみれば、科学的助言は19世紀あるいはそれ以前から実践されていたといえるが、そのあり方が問われるようになったのは1970年前後からであり、そうした議論に際して科学的助言という用語が定着し始めたのは1990年代からである。さらにここ数年の間に科学的助言に対する関心が著しく高まり、いまや科学的助言はその実践的な重要性の増大に加え、学術的にも一つの研究対象、あるいは研究領域として急速に確立されてきたように感じられる。

それでは、なぜ科学的助言という概念が近年台頭してきたのだろうか。その背景には、三つほどの要因があると思われる。第一に、前述したようにエビデンスに基づく政策形成が求められる分野が増えてきたことから、それらの分野を横断的に捉えて検討するための概念的枠組みが成り立ちうる状況になったということがある。同時に、気候変動問題をはじめとする分野横断的な科学的助言を必要とする分野も増えてきて、科学的助言の一般論が求められるようになった。このため、多くの政策分野における科学と政治との関係について共通的に用いることのできる科学的助言という概念に対するニーズが、政府の側でも学術研究者の側でも出てきたのである。

第二に、特に1990年代以降、科学技術と政治・行政との関係について広く社会的関心を呼び覚ますような出来事が発生し、一般市民にも分かりやすく現

---

23) OECD, "Scientific Advice for Policy Making: The Role and Responsibility of Expert Bodies and Individual Scientists," April 2015.

実に即した概念的枠組みで科学的知見の政策形成への適用を語ることの政治的要請が出てきた。第2章でも触れるように、英国では1996年のBSE問題が、米国ではブッシュ政権（2001-2009年）時の気候変動分野や生命科学分野への政治的介入が、わが国では2011年の東日本大震災が、そのような出来事となった。こうした大きな社会的インパクトをもつ出来事の後では、本書第1章で触れるレギュラトリーサイエンスやリスク分析といった従来からの説明の枠組みではもはや十分ではなくなった。より分かりやすく、現実の政治・行政のダイナミックな動きをも包摂できるような概念として、科学的助言が議論されるようになったのである。

　そして第三の背景としては、科学的助言の舞台が各国の国内から国際的な場へと広がってきたことがある。国内の規制政策と違って、地球規模課題をめぐる議論では、レギュラトリーサイエンスやリスク分析といった枠組みにおさまらない、より一般的に科学と政治・行政との関係を論じる科学的助言という概念が有用になる。各国の制度の相違を越えて、科学的助言の一般的なあり方に関する合意を形成し、それに基づいて各国が協力して科学的助言の仕組みを運用していく必要性が増大しているのである。

　本書の内容は、科学的助言という概念が近年台頭してきたこれら三つの文脈に対応したものになっている。第一に、科学的助言は政策分野横断的な概念であるということに対応して、本書第II部では個別の政策分野のケーススタディを通して各分野の特徴を議論し、比較を行うアプローチをとっている。これにより、科学的助言の一般論と、そこからの各政策分野の変位をみることができる。第二に、科学的助言は科学技術と政治・行政との関係に対する一般市民の関心の高まりを反映して確立されてきた概念であるということに対応して、本書第II部では個別の政策分野について歴史的な変化を追う。これにより、科学技術と政治・行政との距離感や両者の役割領域の設定が、時代によりどのように変化してきたかを明らかにできる。第三に、科学的助言という概念は国際的な文脈で特に必要とされるということに対応して、本書第3章では科学的助言に関する取組みのグローバル化の現状および今後の展望について論じ、第7章ではその具体的な事例として気候変動分野を取り上げている。

　加えて本書では、第I部において科学的助言という一般的、包摂的な概念を可能な限り分解し整理する作業を行っている。すなわち、科学的助言の種類や

プロセスを構造的に整理し、その多様性の全体像を把握することを目指した。第Ⅰ部ではさらに、科学的助言の世界的なトレンドや課題についても解説している。ただし、本書で十分に焦点を当てることができていない重要な論点も残されている。その一つは科学的助言に基づく政策形成への市民参加のあり方である。政策形成の過程に市民の意見をどう反映させるかは科学的助言の重要な論点であり、ソーシャルメディアを含む情報通信技術の進展などによりその可能性はさらに広がりつつある。そしてもう一つの重要な論点は、緊急時の科学的助言のあり方である。東日本大震災のような緊急事態において、時間的な制約があり、得られる情報にも限りがあるなかでの科学的助言の仕組みがどうあるべきかについては、現在世界的に議論が高まっているところである。これら二つの論点については、本書では第2章などで簡単に触れるにとどまっているが、本来非常に広範な議論を必要とするものである。

3 まとめ——科学と政治・行政のエコシステムの構築

かつて米国で1933年から1945年まで12年間大統領を務めたフランクリン・ルーズベルトは、「科学と民主主義が手を携えることで人々にますます豊かな生活とより大きな満足をもたらす」と述べた[24]。だが、政治と科学との連携を適切な形で維持していくためには不断の努力が必要である。科学的助言の政策的有効性を支える要因は数多い。助言を支える科学の質が担保されなければならないことは当然であるが、それに加えて、科学的助言を受け止め的確に政策を決定し実施する政治・行政側の素養と能力の涵養、政治と科学の価値観の相違を理解しそれを前提として両者のコミュニケーションを図っていくこと、政治・社会のニーズを受け止めタイムリーに科学的助言を提供できる仕組みを作ること等、複雑な要素が絡む。このため、科学的助言は総合的なシステムとして捉えられなければならず、そのシステム、ないしエコシステム（政治、行政、社会、科学がダイナミックに相互作用するシステム）をうまく構築し運用することが、国や世界の安全保障や競争力、人々の生活の質に関わる基盤となりつつあるのである。

---

24) Franklin D. Roosevelt, "One Third of a Nation," Second Inaugural Address, January 20, 1937.

これまで、内外において、科学技術をもとにイノベーションを通じて経済的価値を生み出すための「産学連携」のエコシステムに関する学術研究は多く蓄積されてきた。一方で、科学技術をもとにさまざまな政策形成を行うためのエコシステムに関する「政学連携」の研究は、未だ不十分で新しい学問的領域といえる。この新たな領域に関する研究、そしてその実践は、ますます複雑化し不確実性を増す 21 世紀の社会を支える重要な基盤の一つとなるだろう。

第 I 部

科学的助言の
現状と論点

近年、科学的助言の重要性が増してきたことで、その制度設計に関する議論が世界的に進んでいる。適切な政策決定を導く科学的助言はどのような体制とプロセスによって実現できるのか。第Ⅰ部では、有効な科学的助言が備えるべき一般的な要件について、国際的に合意が形成されつつある状況を解説する。

　科学的助言の制度設計の中核的な課題は、科学的助言者の政府からの独立性を保ちつつ、両者の間に必要な相互作用と信頼をいかに確保するかという点である。第1章で議論するこの点こそが、科学と政治の架橋の実現の鍵となる。一般に、科学的助言者の独立性の保障は有効な科学的助言の最重要の要件である。だが一方で、科学的助言者が政治・行政の事情にまったく関知しないということになれば、現実の政策に適用不可能な科学的助言がなされかねない。従来より、食品安全や医薬品審査のような「Science for Policy」の科学的助言を必要とする分野では、科学的な観点からのリスク評価と総合的な観点からのリスク管理を分離したうえで、両者の間に適切なコミュニケーションを確保する必要があるとされてきた。より一般的にいえば、科学的助言者は政府から独立した立場で、しかし同時に政府との間で適切な相互作用を行いながら助言を行う必要があるということである。科学的助言者は、このような微妙な立場にあることを自覚して政治・行政に対する姿勢を確立することを求められる。

　現実には、科学的助言者と政府との関係性は政策分野によって異なる。例えばわが国では、食品安全分野の主要な科学的助言者である食品安全委員会は自らの役割を食品のリスクの科学的な評価に厳しく限定している。一方、医薬品審査業務を担う医薬品医療機器総合機構（PMDA）は科学的観点からの評価だけでなく実質的に政治的・行政的観点をも含めた助言を厚生労働省に行っている。言い換えれば、前者のようなケースでは科学的助言者がともすれば政治・行政から乖離しがちであり、後者のようなケースでは科学的助言者が政治・行政に従属しがちである。このような個々の政策分野の科学的助言の事例分析は第Ⅱ部の内容であるが、第1章では科学的助言者の役割という観点からそれらの全体的な比較を試みている。

科学的助言の制度設計をめぐっては、科学的助言者の独立性の確保以外にも重要な論点が多いが、それらに関する議論を包括的にまとめたのが第2章である。これまで英国、米国をはじめ各国において科学的助言のあり方を規定するルールが定められてきている。また、最近では、経済協力開発機構（OECD）の科学的助言に関する国際研究プロジェクトにおいて、いわば科学的助言に関する国際標準ともいえる考え方が示された。そのなかでは、科学的助言の対象とすべき課題や範囲の設定から、それに応じた助言者の選定、助言の作成、そして助言の伝達と活用までの各段階について論点が示されるとともに、緊急時における科学的助言の体制整備の必要性や、科学的助言者の潜在的な法的責任に留意する必要性などが指摘されている。

　つづいて第3章では、国際的な文脈における科学的助言について議論する。各国にはさまざまな科学的助言組織があり、それらが総体として国の科学的助言システムを構成している。そうした各国の科学的助言システムは、それぞれ固有の政治・行政体制や科学的・文化的伝統を反映しながら、歴史的経緯のなかで形作られてきたものである。したがって各国の科学的助言システムとその運用には多様性があるが、近年、グローバル化の進展や地球規模課題の増加に伴って科学的助言の国際化の流れが加速している。すでに世界には科学的助言に関係する数多くの国際的な組織およびネットワークが存在するが、今後はそれらの組織の潜在能力が最大限に発揮されるような「システム・オブ・システムズ」の形成が必要であると考えられる。

第1章　科学的助言者の役割

　序章で述べたように、現代社会が直面する多くの複雑な課題を解決していくためには、政治と科学とがその価値観と行動様式の相違を乗り越えて協働していくことがますます必要になっている。しかしこれは、政治と科学ができるだけ接近しあるいは融合すべきという意味ではない。そうではなく、両者がそれぞれの根本的な価値観を保持したまま、コミュニケーションを成立させ信頼関係を築いていかなければならないということである。つまり、科学は政治に従属するのでなく、一定の距離感をもって政治とつき合う必要がある。科学的助言者は、政治・行政からの独立性を保障されなければならないのである。さもなくば科学的助言に政治・行政側の恣意的な影響が混入し、科学的助言が「科学的」でなくなってしまいかねない。

　しかし、科学的助言者の独立性が重要であるとしたとき、それでは具体的にどこまでが科学的助言者の役割の範囲なのかを特定することは容易ではない。科学的助言者は、その気になれば政策担当者から影響を受けることを厳に拒絶することもできるだろう。しかしそれでは政策側の問題意識や意図を十分に理解できない可能性があり、結果として科学的助言の有効性も減じてしまいかねない。あるいは科学的助言者は、検討の結果得られた厳密な科学的知見のみを政策担当者に伝え、それ以外の要因には一切関知しないという態度をとることもできるだろう。しかしそれでは現実の政策的文脈に沿わない、有用性の低い科学的助言となってしまう恐れもある。

　このように科学的助言者の役割をどこまでと考えるか、という問題に単純に答えることはできない。そこで本章ではまず、「Science for Policy」の科学的助言のなかでも食品安全や医薬品規制などリスクの評価が重要となる政策分野について、科学と政治・行政の役割分担のあり方に関してこれまで行われてきた議論を整理する。そのうえで、科学的助言者の役割について、著名な科学的助言者や科学的助言の研究者によってこれまで一般的に述べられてきた考え方

をいくつか紹介する。さらに、科学的助言者と政府との役割分担が現実にはどのようになされているのか、科学的助言者の独立性はどのような形で確保されるのか、独立性の確保を困難にする要因にはどのようなものがあるかといった点について、本書の第Ⅱ部で取り上げている個別の政策分野の事例と照らし合わせつつ考えていく。

1 リスク評価者としての側面

序章で、科学的助言は、科学技術政策ないしSTI政策を対象とした「Policy for Science」と、医療、環境、エネルギー等より幅広い政策分野を対象とした「Science for Policy」の二つに分けられることを述べた。ここではまず後者について、具体的に各政策分野で科学と政治・行政の役割分担に関してどのような議論がなされてきたのかを紹介することとしたい。

リスク評価の対象

「Science for Policy」の科学的助言は幅広い政策分野を対象とするが、それに期待されている役割は多くの場合、リスク[1]の評価である。特定の食品の摂取に伴うリスク、医薬品の副作用のリスク、地震による被害のリスク、地球温暖化に伴うリスクなどがどの程度であり、諸条件が変わったときあるいは対応策をとったときにそのリスクはどのように変わるかを明らかにするということである。そのようなリスク評価の結果が助言として政策決定者側に提供され、それをもとに政策判断がなされることになる。

それでは、そのようなリスク評価の対象となりうる課題はいったいどのくらいあるのだろうか。その全体像を示したものとして、文部科学省の「安全・安心な社会の構築に資する科学技術政策に関する懇談会」が2004年に公表した報告書中に掲げられているリストがある（表1.1参照）[2]。

---

1) リスクの定義は、分野によって、ハザード（危険・危害因子）と確率の積、コストをベネフィット（利益）で割ったもの、ハザードとアウトレージ（怒りや不安、不満、不信など感情的反応をもたらす因子）等、多様である（文部科学省科学技術・学術審議会研究計画・評価分科会安全・安心科学技術及び社会連携委員会「リスクコミュニケーションの推進方策」、2014年3月27日）が、本書ではこれらのうち最も一般的といえる、ハザードと確率の積としてリスクを捉えることとする。
2) 「安全・安心な社会の構築に資する科学技術政策に関する懇談会 報告書」、2004年4月。

第1章 科学的助言者の役割 23

表 1.1　安全・安心を脅かす要因の分類——リスク評価の対象となる課題

大分類	中分類
犯罪・テロ	犯罪・テロ、迷惑行為
事故	交通事故、公共交通機関の事故、火災、化学プラント等の工場事故、原子力発電所の事故、社会生活上の事故
災害	地震・津波災害、台風などの風水害、火山災害、雪害
戦争	戦争、国際紛争、内乱
サイバー空間の問題	コンピューター犯罪、大規模なコンピューター障害
健康問題	新興・再興感染症、病気、子供の健康問題、医療事故
食品問題	O157 などの食中毒、残留農薬・薬品等の問題、遺伝子組換え食品問題
社会生活上の問題	教育上の諸問題、人間関係のトラブル、育児上の諸問題、生活経済問題、社会保障問題、老後の生活悪化
経済問題	経済悪化、経済不安定
政治・行政の問題	政治不信、制度変更、財政破綻、少子高齢化
環境・エネルギー問題	地球環境問題、大気汚染・水質汚濁、室内環境汚染、化学物質汚染、資源・エネルギー問題

　表 1.1 では安全・安心を脅かす要因の分類が網羅的に示されており、一般的にいえば、政府はこれらすべてについて対応方策をとることを求められる。これらの多様なリスクのうち、経済問題や政治・行政の問題などについては主として社会科学的な観点から議論される。一方、事故、災害、健康問題、食品問題、環境・エネルギー問題などについては自然科学的な観点が重要であり、リスク評価というときには主にこれらの分野のリスクが対象になる。本書でもこれらの分野の科学的助言に関連した内容を第 4 章から第 7 章で取り扱う。

リスクの評価とベネフィットの評価

　さて、ここで留意しておくべきなのは、リスク評価はつねにベネフィット（便益）の評価をも伴うということである。例えば医薬品の副作用のリスクはその効能とのトレードオフにより評価される。抗がん剤はしばしば重い副作用を伴うが、それよりもその効能によるベネフィットが上回ると判断されるから承認され処方されるわけである。地球温暖化のリスクは非常に深刻であり、温室効果ガスの排出量の大幅な抑制が必要とされているが、その実施によるリスクの低減は、それに必要な経済的・社会的コストの負担により引き起こされるベネフィットの低減とのトレードオフにより評価される必要がある。リスク評価とは、同時にベネフィットの評価をも必然的に行うということなのである。

24　第 I 部　科学的助言の現状と論点

政策分野によっては、リスク評価よりもむしろベネフィット評価が重要となる場合もある。例えば、科学技術政策の分野では、政府による科学技術への投資がどのようなインパクトをもたらすか、どのように投資を行えば最も望ましい効果を期待できるかの評価が中心的な課題になる。新たに台頭してきた新技術の社会的・倫理的リスクの評価などが必要になることもあるが、そうしたリスク評価が科学技術政策全体のなかで占める位置は、いまのところ相対的には大きくない。ただ、科学技術の投資効果について助言するといっても、その厳密な評価は現時点の社会科学のツールでは困難である。このため、実際に科学技術政策の議論の場でなされているのは、公的投資が国民への説明責任を果たせるものになっているかどうかの全体的な判断と個別の説明に留まっているといえる。そのような状況を改善するため、第8章で触れるように「科学技術イノベーション政策のための科学」を推進する取組みがわが国を含め各国で進められているところである。なお、科学技術政策分野以外でも、第6章および第7章でそれぞれ扱う地震予知分野や地球環境分野のように、科学者がリスク評価とともに公的投資の効果の評価にも深く関与する分野も多い。

　こうしてみると、科学的助言には二つの要素があって、一方はリスク評価をベースに規制を行うためのもの、もう一方はベネフィット評価をもとに戦略策定を行うためのものであると捉えることが可能といえるだろう（図1.1参照）。このうち、規制のための助言のベースとなる科学は一般にレギュラトリーサイエンスと呼ばれる。レギュラトリーサイエンスとは、保健医療、環境、食品安全、労働安全等の分野で規制政策の策定・実施に科学的根拠を与える科学である[3]。一方で、戦略策定のための助言においては、投資によるベネフィット効

図1.1　規制のための助言と戦略策定のための助言の構造と政策分野のイメージ

---

3) レギュラトリーサイエンスは、第4期科学技術基本計画ではより広義に「科学技術の成果を人と社会に役立てることを目的に、根拠に基づく的確な予測、評価、判断を行ない、科学技術の成果を人と社会との調和の上で最も望ましい姿に調整するための科学」と定義されているが、その適用対象は基本的に医薬品・医療機器のみが想定されている。

果の評価が重要であることから、自然科学だけでなく社会科学の比重が大きくなる。ただし、上述したように公的投資の効果を正確に評価できるほどに現在の社会科学の方法は成熟していない。言い換えれば、戦略策定のための科学的助言が行われる政策分野は、エビデンスに基づく政策形成という大きな流れの中では未だ後発の分野であるといえる。

リスク管理

科学的な観点から行われるリスク評価に対して、リスク評価に基づいてリスクへの対応方策を幅広い関係者と協議しつつ決定し、実施することをリスク管理と呼ぶ。リスク管理において重要となるのは、どこまでリスクを下げれば安全といえるのかという許容可能なリスク範囲の設定である。

リスク管理においてよく知られている ALARP（as low as reasonably practicable）の原則は、「合理的に実現可能な範囲でリスクをできるだけ低減させるべきである」という考え方を示したものである（図1.2参照）。この ALARP の考え方は、英国で始まり国際標準化機構（ISO）の基準などにも採用されているもので、わが国でも JIS 規格や厚生労働省の「危険性又は有害性等の調査等に関する指針」などに採用されている[4]。ただし一般的には、リスク管理は複雑

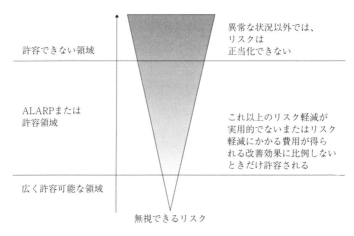

図1.2 ALARP（as low as reasonably practicable）の原則[5]

---

4) 厚生労働省安全衛生部安全課「危険性又は有害性等の調査等に関する指針 同解説」、2006年。

な要因に基づき行政的な観点から行われるものである。つまり、リスク管理の実施にあたっては、ALARPのような原則的考え方を参考にしながら、社会情勢、ステークホルダーの意見、費用対効果、技術的な可能性などを踏まえて総合的な判断が行われることになる。

リスク評価とリスク管理の分離

　一般に、リスク評価とリスク管理は分離して実施することが重要であるとされる。これは、リスク評価は科学的な観点から行い、一方リスク管理は幅広いステークホルダーの関与を得つつ総合的な観点から行うべきであって、後者において考慮されるべき政治的・社会的な価値観が前者に混入することを防ぐという考え方に基づく。

　米国では、リスク評価とリスク管理を概念的にも手続き上も区別すべきとする原則的考え方がすでに1983年に示されている[6]。また国際的にも、第4章でも触れるように、1995年に国際的な食品分野のリスク管理機関であるコーデックス委員会が、リスク評価、リスク管理、リスクコミュニケーションを構成要素とするリスク低減のための考え方を示しており、こうした国際的な議論の積み上げを通じて、世界貿易機関（WTO）加盟国政府を拘束する国際標準のスキームが確立された（第4章図4.3を参照）[7]。リスク評価とリスク管理の分離および関係者間のコミュニケーションの確保が必要であるというリスク低減の考え方については、食品安全分野などを中心におおむね関係者の合意が得られているといえる。

　ただし、リスク評価とリスク管理の分離といってもその現実の姿はさまざまであって、両者の間の境界は決して明確ではなく、むしろそこには多様な形態があるとみるのが妥当である（図1.3を参照）。例えばわが国の事例をみると、第4章に示すように、食品安全分野では食品安全委員会によるリスク評価と厚生労働省によるリスク管理とは組織的にも制度的にもおおむね分離されて実施さ

5）向殿政男「ためになる『安全学』第4回　どこまでやったら安全か」、『プラントエンジニア』2010年7月号、43頁の図を一部改変。

6）National Research Council, *Risk Assessment in the Federal Government: Managing the Process* (Washington, DC: National Academies Press, 1983).

7）WHO/FAO, "Application of Risk Analysis to Food Standards Issues: Report of the Joint FAO/WHO Expert Consultation," March 1995.

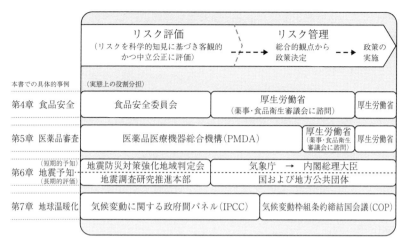

図 1.3 リスク評価とリスク管理の分離と連続性

れている。第6章の地震予知分野も似た状況であり、リスク評価とリスク管理が明確に分けて実施されている。一方、第5章でみるように、医薬品審査分野では医薬品医療機器総合機構（PMDA）がリスク評価とリスク管理とを実質的に混然一体として行っている。この分野ではリスク評価とリスク管理の分離がなされているとはいえないのである。ところが実はそのような審査体制が、さまざまな問題を抱えながらも実際に医薬品の円滑な審査を可能としている面もある。

地球温暖化分野についてみると、気候変動に関する政府間パネル（IPCC）はリスク評価を行う機関であって、リスク管理には踏み込まないという特徴をもっており、その点ではリスク評価とリスク管理の区別ができているようにみえる。実際には第7章でみるようにIPCCの科学的助言プロセスには科学者のみならず行政官も関与しており、そのリスク評価は純粋に科学的な観点からなされているわけではないが、そのことがむしろこれまでIPCCの科学的助言が各国政府や国際社会に受け入れられる素地となってきた面がある。このようにリスク評価とリスク管理との分離は単純に論じることができない問題である。なお、第8章で取り扱う科学技術分野は主にリスク評価ではなくベネフィット評価の科学的助言が行われる政策分野であり、性格が異なるため図1.3には含めていない。

Box 1.1　国際リスクガバナンス評議会（IRGC）によるスキーム

OECDやスイス政府などの支援のもと2003年に設立されたNGOである国際リスクガバナンス評議会（IRGC）はリスク評価とリスク管理の分離および関係者間のコミュニケーションに関する独自のスキームを提示している（図1.4を参照）[8]。このスキームによれば、大きく四つの要素の循環構造によりリスクへの対応がなされる。

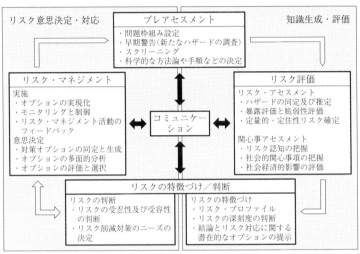

図 1.4　IRGC によるリスク評価とリスク管理の関係の分析

リスク評価とリスク管理の関係については、より一般的に議論しようとする試みもあるが（Box 1.1を参照）、両者の分離はそもそも概念上は成立するものの実務的ではないとする学術的見解もある。リスク評価とリスク管理は機能的に分離されるべきであるということが基本であるものの、実践上も理論上も明快に論じることは必ずしもできないといえるだろう[9]。また、「リスク評価」

---

8) 谷口武俊・城山英明「はじめに―リスク・ガバナンスの課題」、城山英明編『福島原発事故と複合リスク・ガバナンス』、東洋経済新報社、2015年、3-5頁。International Risk Governance Council, "White Paper on Risk Governance: Towards an Integrative Approch," 2005.
9) Sheila Jasanoff, "Relating Risk Assessment and Risk Management," *EPA Journal* 19: 1 (1993), p. 35. 平川秀幸他「日本の食品安全行政改革と食品安全委員会」、『科学』第75巻第1号、2005年、93-97頁。

第1章　科学的助言者の役割　29

という用語の定義が分野によって微妙に異なる点にも留意が必要である[10]。このようなことから、「Science for Policy」の科学的助言においては科学的助言者と政治・行政との役割分担は明確でなく、各政策分野の実情に照らしてケースバイケースとなっているのが実態であり、どれがモデルケースとなるべきかを一概に論じることはできないのである。

2 科学的助言者像の一般論

誠実な斡旋者

前節では、科学的助言者がリスク評価を担う場合、その役割の範囲は明瞭でなく政策分野によって実態が異なっていることについて述べたが、別の角度からより一般的に科学的助言者の役割について考えてみることはできないだろうか。

科学的助言者のあるべき役割を一般的に表した概念としては、「誠実な斡旋者」（honest broker）というモデルがある。これは、米国の政治学者ロジャー・ペルキーにより提唱された、国際的に普及している概念であり、表 1.2 に示されるものである[11]。この表には科学的助言者の類型が端的に表現されており、近年盛んに開かれている科学的助言に関する国際会議でもこの表は頻繁に言及される。

表中の「純粋科学者」は、政策や産業への応用を意識することなく、単に科学的知識の生産のみを行う科学者である。次に「科学知識の提供者」は、特定の政策上の問題があったときに、関連する科学的知識を求めに応じて提供する科学者である。これら二つの科学的助言者の類型は、優れた科学的知見が優れ

---

10) 例えば、食品安全分野とは異なり、環境分野のリスク評価においては、評価すべき物質の有害性評価に加えてその人や生態系への接触に関する曝露評価が一つの大きな構成要素になる。また、食品安全や環境などの分野とは異なり、国際標準化機関（ISO）や日本規格協会（JSA）は、組織が直面するあらゆるリスクへの対応のあり方を定めた基準のなかで、「リスク特定」「リスク分析」「リスク評価」のすべてのプロセスをあわせて「リスクアセスメント」と呼んでいる（ISO 31000 "Risk Management: Principles and Guidelines"; JIS Q 31000「リスクマネジメント―原則及び指針」）。

11) Roger A. Pielke, Jr., *The Honest Broker: Making Sense of Science in Policy and Politics* (Cambridge: Cambridge University Press, 2007). 佐藤靖・有本建男「科学的助言をめぐる諸問題へのアプローチ―動き出した国際的な検討活動」、『科学』第 84 巻第 2 号、2014 年 2 月、202-208 頁。

30　第 I 部　科学的助言の現状と論点

表 1.2　科学的助言者の四つの類型

		科学観	
		リニア・モデル	ステークホルダー・モデル
民主主義観	政府側に政策のオプションが存在	純粋科学者 (Pure Scientist)	主義主張者 (Issue Advocate)
	専門家が政策のオプションを提示	科学知識の提供者 (Science Arbiter)	誠実な斡旋者 (Honest Broker of Policy Options)

た政策形成を導くという、ペルキーが「リニア・モデル」と呼ぶ科学観を前提としている。それに対し、ある政策課題に関して特定の立場を主張する「主義主張者」や、複数のオプションとともに関連の知見を示す「誠実な斡旋者」は、科学的知識の政策形成への応用を明確に意識する。この前提となる科学観は、科学的助言は幅広い関係者によって形成されるとする「ステークホルダー・モデル」である。ペルキーは、断定してはいないが、この四つの科学者の類型のうち、科学的助言者としては政策のオプションを提示する「誠実な斡旋者」が重要であると考えているようだ。

　ドイツのベルリン・ブランデンブルク科学・人文科学アカデミー（BBAW）は別の表現で「誠実な斡旋者」たる科学的助言者の理念を示している。BBAWが定めた「政策助言に関する指針」によれば、「科学的政策助言における知識は科学的知識とは同じものではない。科学的政策助言における知識は科学的知識を超えるものである。なぜなら、科学的政策助言の知識は、科学的な水準を満たした上に、さらに政治的に効果のあるものでなければならないからである」[12]。有効な科学的助言は、単に既存の科学的知識を政策担当者に提供することによっては実現しないし、また政治的な効果を優先するあまり科学的な水準をはずれた助言を提供することによっても実現しないのである。

科学的助言者の役割領域と独立性の確保

　それでは、本章でこれまで紹介してきた、(1)「Science for Policy」の科学的助言においてはリスク評価とリスク管理の分離および相互作用が必要であるという考え方と、(2)「誠実な斡旋者」という科学的助言者のモデルが重要で

---

12) Berlin-Brandenburgische Akademie der Wissenschaften, "Leitlinien Politikberatung," 2008.

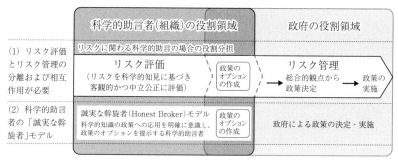

図 1.5 科学的助言者と政府の役割領域

あるという考え方は、互いにどのような関係にあるのだろうか。実はこれらは双方とも、科学的助言者および政府の役割領域をいかに設定すべきかという問題に関わっている（図1.5を参照）。

　科学的助言者（個人および組織）の役割領域は、リスク評価に限られる場合と、リスク評価の内容を踏まえて政策のオプションを作成する作業までをも含む場合がある。後者が「誠実な斡旋者」モデルに合致する。現実には、政策のオプションの作成は、科学的助言者と政府のどちらかが担うこともできるし、共同で行うこともできる。

　この点について、前節で触れた本書第4章から第7章の具体例に即していえば、食品安全や地震予知の分野では、それぞれ科学的助言組織が自らの役割を厳しく科学的なリスク評価に限定しており、政策のオプションを作成することも控えている。すなわち、「誠実な斡旋者」モデルよりも狭い役割領域を志向している。一方、医薬品分野でのPMDAの役割は非常に大きく、リスク評価から政策のオプションの作成までを担い、そのうえでさらに総合的な観点からの政策決定にも実質的に踏み込んでいる。地球温暖化分野では、IPCCがリスク評価の延長として政策のオプションの作成までを行っており、この役割分担が「誠実な斡旋者」モデルに近いと考えられる。

　科学的助言者（組織）と政府の役割領域の設定が政策分野によって違い、両者の重複部分が存在し得ること、そしてその重複部分の実体としては政策のオプションの作成が挙げられることは、科学的助言者の独立性の確保というテーマに重要な示唆を与えてくれる。すなわち、科学的助言者はそのような両者の役割領域の境界の複雑な構造を念頭に置きながら政府側との距離感を測り、自

らの独立性を確保すると同時に政府側とのコミュニケーション・相互作用を維
持する必要がある（Box 1.2）。また、科学的助言者の「誠実な斡旋者」モデルは、
両者の役割領域の重複部分に科学的助言者が積極的に関与する責任をもつとい
う考え方を表しているということにも留意すべきであろう。

Box 1.2　科学的助言者の認識──ジョン・ホルドレンとロバート・メイ

　実際に科学的助言に携わっている科学的助言者たちが自らの役割についてどの
ように考えているのかをみてみることにしよう。

　例えば、米国のオバマ政権の大統領科学顧問（大統領補佐官（科学技術担当））
であるジョン・ホルドレンは、「自分は二つの役割、すなわち、「政策のための科
学（"Science for Policy"）」と「科学のための政策（"Policy for Science"）」に責任
を負っている。……米国においても、多くの政府機関が科学技術に関する施策を
実施しているが、各機関においてどのような取組みがなされ、政策判断がどのよ
うに影響するのかを、大統領や副大統領がきちんと理解していることが重要であ
る。また、自分自身、まったくバイアスを受けていないとは言い難いが、……多
くの巨大な実施機関の影響を極力排した上で、政策決定者に対して、バイアスの
ない報告を直接行うことができることが重要であると考えている」と述べたこと
がある。科学的助言者にはあくまで自制的に客観的な情報を提供するスタンスが
求められることがわかる。

　次に、英国で政府主席科学顧問（GCSA）や王立協会会長を歴任したロバー
ト・メイは、「科学者の役割は、どのようなリスクをとりうるか、どの政策のオ
プション（選択肢）をとるべきかを決めることではなく、ありうるオプションは
何か、その条件や予想される影響は何かを示すことに関与することである」と述
べている[13]。一般に科学的助言者に期待されているのは、独立の立場で科学的
観点から政策のオプションを提示することであって、政治・行政はそのオプショ
ンのなかから総合的な決定を行うという役割と責任を果たすべきであるという考
え方が示されている。

　本書の第Ⅱ部では、各政策分野において、科学的助言者（組織）と政府との
役割分担の設定いかんが、科学的助言者の独立性の程度や形態を規定し、ひい
ては科学的助言の有効性を大きく左右していることが示唆される。例えば、第

13）Pielke, *The Honest Broker*, epigraph.

第1章　科学的助言者の役割　33

4章で取り上げる食品安全分野では、リスク評価機関たる食品安全委員会がリスク管理機関による影響を受けまいとして独立性の確保を追求するあまり、コミュニケーションの欠如からすれ違いが生じたケースがあった。一方、第5章で述べるように、医薬品分野ではPMDAがリスク評価に加えてリスク管理をも実質的に行っていることから、PMDA内部でリスク評価がリスク管理に従属させられているという不満も垣間見える[14]。各政策分野において、科学的助言者および政府の役割領域の適切な設定が非常に重要であることが分かる。

実践上の課題

　科学的助言者と政府の役割領域を概念的に定義できたとしても、それを実践して科学的助言者の政府からの独立性を有効な形で確保することは必ずしも容易ではない。

　それは、科学的助言者がしばしば政府と組織上ないし財政上のつながりをもつためである。審議会は各府省に設置されており、その委員は非常勤の国家公務員である。もちろん委員は自分自身の見解をもとに審議に臨むことになってはいるが、各府省の政策方針に根本的な再検討を迫る発言がなされることは多くない。委員側にとっては、委員を続けること自体が政策に対する影響力をもつことを意味するから、穏当な意見を述べておいて再任を期す、あるいは他の審議会へと活躍の機会を広げることを目指す心理が働きかねないのである。このため、各委員もその総体としての審議会も、科学的助言者として政府とは完全に独立した立場から助言を行うのは現実には困難な面がある。政府側、委員側の双方で、助言内容が可能な限り恣意的な影響を排除したものとなるような努力を払う必要がある。

　各国の科学アカデミーもおおむね国の予算で運営されており、日本学術会議のように組織上政府の一部となっているケースもある。日本学術会議は、日本学術会議法に基づき「独立して」職務を行うこととなっている。しかし2001年の中央省庁再編の際には日本学術会議のあり方が問われ、その廃止をも視野に入れ検討が行われた経緯がある。その折は、同会議の今後のミッションの重要な柱の一つとして科学的助言を打ち出すなどしたことで存在意義を認められ、

---

14) 薬害肝炎事件の検証及び再発防止のための医薬品行政のあり方検討委員会（第21回）、2010年2月8日、資料7-2。

必要な改革を行ったうえで存続となったが[15]、このような経緯は、政府側が日本学術会議の存続を左右し得るということを関係者にあらためて認識させた。日本学術会議は、その組織の性格上、つねに政府からの独立を前提として活動できるとは必ずしもいえないのである。ただ実際には、同会議が答申、回答、勧告、提言、報告などの形で提示する科学的助言は政府からの影響を受けることなく作成されている。諸外国でも、科学アカデミーによる科学的助言の独立性は通常高いレベルで確保されている。

　このように、科学的助言者の独立性という点について考えるときには、複雑な事情を考慮に入れる必要がある。重要なことは、組織面、資金面でのつながりにかかわらず、政府その他のステークホルダーによる働きかけによって科学的助言の内容に不当な影響が及ぶことを可能な限りなくすための努力を、関係者すべてが恒常的に払うことであるといえるだろう。

3　まとめ——科学的助言者の独立性確保という課題

　科学的助言者の役割について論じるとき一般的に指摘される点として、「科学的助言者の独立性の確保が必要」「科学的助言者の役割は政策のオプションを示すことまで」「リスク評価とリスク管理の分離が重要」といったものがある。確かにすべて妥当なポイントではあるが、本章では、これらのポイントが互いにどのような関係にあるのか、また実態はどうなっているのかを概説した。「Science for Policy」の助言を行う科学的助言者は、基本的には科学的観点からのリスク評価のみを行うか、あるいはリスク評価に加えて政策のオプションの作成を行う。後者のスタンスをとる科学的助言者は「誠実な斡旋者」モデルに合致するが、現実には政策分野によってこのモデルからの相当大きな差異が存在している。個別の政策分野における科学的助言者の役割領域と政府の役割領域の分担の詳細については、第Ⅱ部を参照されたい。いずれにしても、リスク評価とリスク管理の分離と相互作用が重要であるという原則は、科学的助言

15）総合科学技術会議 日本学術会議の在り方に関する専門調査会第8回（2002年5月22日）議事録。総合科学技術会議 日本学術会議の在り方に関する専門調査会「日本学術会議の在り方について最終まとめ」、2003年2月20日。吉川弘之「行革の中の改革」、『学術の動向』第8巻第8号、2003年8月、7-16頁。

者の政府からの独立性と相互作用の確保が重要であるという、科学的助言システムの最重要の要件とパラレルのものであるということができる。

　ただ、科学的助言に関する重要な一般的原則はもちろん他にもある。例えば、科学的助言者の独立性が保障されているとしても、そもそも政府側が恣意的に特定の見解をもつ科学的助言者を選ぶようなことがあるべきではない。また、科学的助言は多くの場合不確実性を内包するものであるが、そのような不確実性を科学的助言者側も政府側もていねいに取り扱う必要がある。このような諸論点については、これまで各国で議論が蓄積されてきたところであり、次章ではそうした点について包括的に解説する。

第2章　科学的助言のプロセスと原則

　科学的助言とは、科学者が政策形成に有用な知見を政府に提供することであるが、その周辺には実に多くのプロセスが動いている。まず最初に、政治・行政の側は、何についてどこまで助言を求めるのかを明確にする必要があるし、適切な助言者の選定も重要である。助言を作成する段階では、科学的助言者の独立性を保障し、助言の質を担保する仕組みが必要である。そして作成された助言は適時・的確に伝達され、活用される必要がある（図2.1）。こうした一連のプロセス全体には透明性が求められ、科学的助言に基づく行政措置が損害等を引き起こした場合の法的責任も明確化される必要がある。さらに、緊急時の科学的助言のための固有のシステムの構築も望まれる。

　このような科学的助言のプロセスが適切に機能しないと、誤った政策立案が導かれかねないばかりか、政策形成や科学そのものに対する社会的信頼が損なわれてしまう。わが国でも、東京電力福島第一原子力発電所事故の後、科学的助言を行う科学者の信頼性に疑問が呈されたことは記憶に新しい。実際には原子力だけでなくあらゆる政策領域でこのような問題は起こりうる。科学的助言者側が政府の既定の政策を安易に追認したり、政府が科学的助言を都合よく解釈し用いたりする恐れが常にある。そのようなことを防ぐために科学的助言のプロセスを正しておくことが重要なのである。

　このため各国では、科学的助言の健全性を担保するための原則、指針、ないし行動規範が定められてきた。本章では、その流れについて概説したうえで、科学的助言の各段階に関わる個別の論点および概念を紹介する。なお、本章で

図 2.1　科学的助言のプロセスと論点

扱うのは、科学技術政策だけでなく広範な政策分野を対象にした「Science for Policy」である。「Policy for Science」については、後述するようにエビデンスの政策形成への適用の様態が異なるため本章の議論が当てはまらない場面もあり、その論点については第8章で議論する。

1 科学的助言の原則

英国——民主主義における科学の位置づけ

　科学的助言に関してこれまで議論の蓄積が最も進んできた国として、英国を挙げることができる。英国では1990年代以降、科学と政治・行政との関係について社会的議論を巻き起こす事案が続いた。その最初の契機となったのが牛海綿状脳症（BSE）をめぐる問題である。英国政府は、1986年に初めて牛のBSE罹患が確認されてから1996年まで、BSEの人への感染のリスクを否定してきた。その間、人へのリスクを示唆する科学的知見が次第に蓄積し、牛の殺処分を促す提案もなされたが、政府は国民の過剰反応と産業への影響を恐れてリスクを過小評価し続けた。このため、1996年になってようやく政府が人への感染の可能性を認めたときには、多くの英国民は政府と科学双方への不信感を募らせることとなった。その後2000年に公表された調査委員会の報告書では、政府内部での科学的知見の取扱いに多くの問題点があったことが指摘されている。このような苦い経験を踏まえて、英国は科学的助言の有効性の確保に向けた方策を講じるようになったのである[1]。

　現在、英国では、政策形成における科学のあり方が三種類の文書によって規定されている。一つ目は、政府による科学的知見の入手および活用に関する文書である。1997年に初めて定められ、これまで数次にわたり改正されてきた。そのなかでは、政府は十分に幅広い助言者をバランスよく選定すること、科学的知見の不確実性を適切に評価・伝達・管理すること、プロセスの透明性・公開性を確保すること等が明記されている。二つ目の文書は、政府の諮問委員会の運営について規定したものである。2001年の初版の後、やはり数次にわたり

---

1) "Executive Summary of the Report of the Inquiry," pp. xvii-xxxi, in *The BSE Inquiry Volume 1: Findings and Conclusions*, 2000.

改正されてきたもので、諮問委員会の運営の具体的な手続き等を定めている。

　英国における三つ目の文書は、科学的助言の全体的原則について簡潔明瞭に定めた「政府への科学的助言に関する原則」である（図 2.2、Box 2.1)[2]。この原則には、科学的助言者の独立性の確保や科学的助言の活用に関わる透明性の確保などの一般的事項も盛り込まれているが、注目すべきなのは、科学的助言者と政府との関係性に関して「助言者は、広範な要因に基づいて意思決定を下すという政府の民主主義的な任務を尊重し、科学は政府が政策決定の際に考慮すべき根拠の一部に過ぎないことを認識しなくてはならない」と明記されていることである。民主主義の下、政府は国民の負託に最大限応える意思決定を行う責任を負うが、そうした意思決定が科学的助言に沿わないこともある。意思決定のベースとなるべきものは科学的根拠だけでなく、政治的・法的、経済的・財政的、社会的・文化的、倫理的・宗教的なさまざまな要素があるからである。政府はそれらの要素を総合的に判断して政策を決定するのであり、そのことを科学者は納得しなければならない。一方で、政府側は、科学的助言と相反する政策決定を行った場合には、その決定の理由について説明すべきである。英国は、このような相互の役割および責任の規定に基づいて、科学的助言者側と政府側の間の信頼関係を維持していこうとしている。端的にいえば、この原則は、

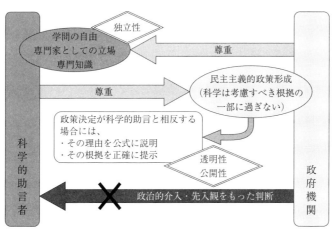

図 2.2　「政府への科学的助言に関する原則」ポイント

---

[2] Department for Business, Innovation and Skills, "Principles of Scientific Advice to Government," March 24, 2010.

第 2 章　科学的助言のプロセスと原則　　39

Box 2.1　英国ビジネス・イノベーション・技能省「政府への科学的助言に関する原則」（抜粋）

明確な役割および責任

- 政府は、独立した助言者の学問の自由、専門家としての立場および専門知識を尊重し、十分に評価しなくてはならない。
- 助言者は、広範な要因に基づいて意思決定を下すという政府の民主主義的な任務を尊重し、科学は政府が政策策定の際に考慮すべき根拠の一部に過ぎないことを認識しなくてはならない。
- 政府および助言者は、相互の信頼を損なうような行為を働いてはならない。

独立性

- 助言者は、その作業において政治的介入を受けてはならない。
- 助言者は、自らの研究を自由に公表し、紹介することができる。
- 助言者は、秘密保持に関する通常の制約に従うことを条件として、政府の政策と対立するものも含め、政府に対する自らの助言を自由に公表することができる。
- 助言者は、政府とは無関係にメディアおよび一般市民に関与する権利をもち、実質的な作業に関しては独立したメディアの助言を得なくてはならない。
- 助言者は、自らがどのような立場で意思疎通を行っているのか明確にしなくてはならない。

透明性および公開性

- 政府への科学的助言は、国家安全保障や犯罪の助長など、公開を避けるべき優先的理由がある場合をのぞき、一般に公開しなくてはならない。
- 独立助言者に対して機密保持契約に署名することを求める要件（国家安全保障上の理由等による）は、公式に承認されなくてはならず、定期的に見直されなくてはならない。
- 独立の科学的助言の公表時期は、諮問機関次第だが、あらかじめ政府と協議すべきである。
- 政府は、独立助言者の助言について先入観をもって判断してはならず、助言が公表される前にその助言を非難もしくは拒否してはならない。
- 科学的助言への政府の対応時期に関しては、助言の適切な考慮のための余裕をみるべきである。
- 政府は、特にその政策決定が科学的助言と相反する場合には、その決定の理由について公式に説明し、その根拠を正確に示さなくてはならない。

民主主義における科学の位置づけについて明文化したものであると捉えることもできる。

英国でこの原則が策定された直接のきっかけは、2009年10月、薬物濫用に関する諮問委員会のデイビッド・ナット委員長が内務大臣によって解任されたことであった。ナット氏は、政府が諮問委員会の見解を無視してマリファナ所持の厳罰化の方針を打ち出したことに抗議していた。このナット氏の解任劇が論議を呼んだため、ビジネス・イノベーション・技能省は政府と科学との関係をあらためて整理することを決め、各省庁と協議しつつ2010年3月、この原則を定めたのである[3]。このように科学と政府との関係が危機に陥ったときには、科学的助言の原則の策定を求める声が高まることが多い。

米国——科学の健全性の確保

米国でも以前より諮問委員会の運営方法などについては詳細な規定が設けられてきたが、近年では、政府は科学的助言を公正に取り扱わなければならないということが強調されている。特に2009年に始まったオバマ政権の下では「科学の健全性（scientific integrity）」を確保するための取組みが進められた。

オバマ政権の前のブッシュ政権期（2001-2009年）には、政府部内での科学的知見の取扱いが政治的意図により歪められているという批判が高まった。すなわち、ブッシュ政権は地球温暖化や生命科学研究等の分野において、関連省庁に圧力をかけて報告書の記述を変更・削除させたり、特定の科学的知見の公表を妨害したり、政権の意に沿わない見解をもつ科学者を審議会から排除したりしたと指摘された。このような政治の科学への介入はブッシュ政権より前にもみられたことではあったが、オバマ大統領は大統領就任以前からブッシュ政権の姿勢に特に批判的な立場を表明していた[4]。

オバマ大統領は、就任後間もなく出した指示のなかで科学的助言の重要性を

---

3) House of Commons, Science and Technology Committee, "The Government's Review of the Principles Applying to the Treatment of Independent Scientific Advice Provided to Government," December 14, 2009.

4) ブッシュ政権期における科学の健全性の喪失に対する批判については、例えば Union of Concerned Scientists, *Scientific Integrity in Policymaking: An Investigation into the Bush Administration's Misuse of Science*, March 2004 を参照。また、オバマ大統領の基本的姿勢および取組みについては、例えばオバマ大統領による大統領選前の公約 "Investing in America's Future: Barack Obama and Joe Biden's Plan for Science and Innovation"（September 25, 2008）を参照。

第2章 科学的助言のプロセスと原則 41

強調し、その信頼性を確保するための方向性を自ら示している[5]。その指示には、政府職員は科学的・技術的な事実や判断を抑圧ないし改変してはならないこと、政策決定には査読などのプロセスを経た科学的知見を用いること、政策決定に際して考慮された科学的知見を公開することなどが盛り込まれていた。これに基づいてジョン・ホルドレン大統領補佐官（科学技術担当）は2010年末、より具体的な指針を定めた通達を各省庁あてに発出した[6]。これに対応して、2012年3月までに関係省庁の多くが独自の指針を作成、公表している。米国政府部内での科学的助言の重要性に対する意識は確実に向上してきていると思われるが、今後も大統領の考え方によって状況が変わる可能性があることに留意が必要である。

日本——東日本大震災への対応

わが国でも東日本大震災後、政府と科学者の責任をめぐる議論が活発化したことを受けて、2012年3月、科学技術振興機構（JST）研究開発戦略センター（CRDS）が政府と科学的助言者の行動規範の策定を求める政策提言をとりまとめた[7]。その後2013年1月、日本学術会議は声明「科学者の行動規範 改訂版」を公表した。この声明は、日本学術会議として「社会の様々な課題の解決と福祉の実現を図るために、政策立案・決定者に対して政策形成に有効な科学的助言の提供に努める」としたうえで、科学者が助言を行う際の基本的な原則をいくつか示している（Box 2.2a）。これは科学的助言者の視点からみた原則を示したもので、政府側の視点からの原則はわが国では未だに策定されていないが、2016年1月に閣議決定された第5期科学技術基本計画では科学的助言に関する考え方が示されている（Box 2.2b）[8]。

---

5) The White House, "Memorandum for the Heads of Executive Departments and Agencies, Subject: Scientific Integrity," March 9, 2009.

6) John P. Holdren, "Memorandum for the Heads of Executive Departments and Agencies, Subject: Scientific Integrity," December 17, 2010.

7) JST-CRDS「政策形成における科学と政府の役割及び責任に係る原則の確立に向けて」、2012年3月。日本学術会議「声明 科学者の行動規範 改訂版」、2013年1月。Tateo Arimoto and Yasushi Sato, "Rebuilding Public Trust in Science for Policy Making," *Science* 337 (September 7, 2012), pp. 1176-1177.

8) ただし第3章で触れるように審議会の運営に関する指針として「審議会等の整理合理化に関する基本的計画」（1999年4月27日閣議決定）が定められている。

42　　第I部　科学的助言の現状と論点

Box 2.2a　日本学術会議「科学者の行動規範 改訂版」（抜粋）

（社会との対話）

11　科学者は、社会と科学者コミュニティとのより良い相互理解のために、市民との対話と交流に積極的に参加する。また、社会の様々な課題の解決と福祉の実現を図るために、政策立案・決定者に対して政策形成に有効な科学的助言の提供に努める。その際、科学者の合意に基づく助言を目指し、意見の相違が存在するときはこれを解り易く説明する。

（科学的助言）

12　科学者は、公共の福祉に資することを目的として研究活動を行い、客観的で科学的な根拠に基づく公正な助言を行う。その際、科学者の発言が世論及び政策形成に対して与える影響の重大さと責任を自覚し、権威を濫用しない。また、科学的助言の質の確保に最大限努め、同時に科学的知見に係る不確実性及び見解の多様性について明確に説明する。

（政策立案・決定者に対する科学的助言）

13　科学者は、政策立案・決定者に対して科学的助言を行う際には、科学的知見が政策形成の過程において十分に尊重されるべきものであるが、政策決定の唯一の判断根拠ではないことを認識する。科学者コミュニティの助言とは異なる政策決定が為された場合、必要に応じて政策立案・決定者に社会への説明を要請する。

Box 2.2b　第5期科学技術基本計画（抜粋）

③　政策形成への科学的助言

　自然災害や気候変動への対応、医療など超高齢社会への対応、サイバーセキュリティの確保など、政策形成において科学技術が果たす役割はこれまで以上に大きくなっている。

　このため、研究者は科学的助言の質の確保に努めるとともに、科学的知見の限界、すなわち、不確実性や異なる科学的見解が有り得ることなどについて、社会の多様なステークホルダーに対して明確に説明することが求められる。一方、研究者は政治的意図に左右されることなく、独立の立場から科学的な見解を提供できることを、各ステークホルダーが認識することが期待される。また、科学的助言は政策形成過程において尊重されるべきものであるが、それが政策決定の唯一の判断根拠ではないことを各ステークホルダーが認識することも重要である。なお、我が国における科学的助言の在り方については、近年の国際的動向も踏まえ、その仕組み及び体制等の充実を図っていく必要がある。

2 科学的助言の4段階のプロセス

これまで述べてきたように、各国では科学的助言についての議論がすでに相当積み重ねられ、その成果は原則、指針、行動規範という形で明文化されてきた。それらの原則や指針は各国の政治・行政の体制、制度や科学的・文化的背景などを反映し相違しているが、共通の要素も多い。ここでは、筆者らが作成に参画したOECDの国際研究プロジェクトの報告書に基づき、科学的助言のプロセスの四つの段階のそれぞれについて政府と科学的助言者の双方が留意すべき点を概説する[9]。

課題の設定

科学的助言のプロセスは、助言を行う対象となる課題の設定から始まる。課題が最初から明確な場合もある。例えばある特定の新薬を承認すべきか否か、特定の化学物質の河川への排出量の基準をどう設定するかといった課題の場合である。一方、例えば高齢者医療はどうあるべきかという課題は、個別の疾病の治療、医師・看護師の確保、地域医療、介護制度、保険制度など多岐にわたる課題と複雑に絡み合っており、課題の範囲が明確でない。そのような場合には、どこまでの範囲について助言を行うかを事前にステークホルダーの間できちんと確定し、共通理解としておく必要がある。

また、科学的助言を必要とする課題には、地震や台風のような天災、原子力発電所事故、感染症の世界的拡大など、緊急の対応を要する性格のものと、地球温暖化問題や途上国の食糧問題など慢性的な性格のものがある。前者に対しては平時からの準備が重要であり、後者に対してはできるだけ早く問題の兆候をつかみその全体構造を把握して対応する体制を整えることが重要である。いずれにしても、科学的助言を要する政策課題として今後どのようなものがあるかということを不断に検討・分析することが求められる。英国などではその目的で「フォーサイト」と称する活動などを先導的に進めてきたところであり、世界的に同様の動きは広がっている。課題をいち早く特定することでタイムリーで質の高い科学的助言、そして政策的なアクションが可能となる。

---

9) OECD, "Scientific Advice for Policy Making: The Role and Responsibility of Expert Bodies and Individual Scientists," April 2015.

政策課題の特定は、一義的には政府の責任である。国民の福祉や安全に責任を負うのは政府だからである。しかし経済社会と科学技術との結びつきがますます複雑化する現在においては、課題の特定にあたって専門家が果たすべき役割は大きい。また、気候変動をはじめとする地球規模の課題は国家レベルでは対応できない。このため、政府、専門家、そして他のステークホルダー（産業界、市民、国際的な組織等）が連携しつつ課題を設定する仕組みの確立が求められている。

助言者の選定と利益相反

　設定された課題に対して適切な科学的助言者を選ぶことは、科学的助言のプロセスで最も重要なポイントの一つである。仮に科学的助言を行う委員会などのメンバーが恣意的に選ばれたり、その構成に偏りがあったり、不適格なメンバーが含まれていたりすると、得られる科学的助言の妥当性・信頼性が損なわれかねないからである。

　例えばエネルギー構成の長期的あり方といった政策課題については有識者のなかでも見解が大きく分かれる可能性があり、見解の分布に照らしてバランスのとれたメンバー構成とする必要がある。また、その議論にあたっては専門技術の知見だけでなく、より幅広くエネルギー問題、産業構造、地域経済、外交などの面の知見も必要であり、これら関連分野の専門家がバランスよく委員会に含まれる必要がある。さらに、その他のステークホルダーや市民の視点も重要であり、その代表がメンバーに含まれることも多い。

　一方で、特定の課題に関して優れた知見を有する者でも科学的助言者として適格でないと判断される場合もある。例えば、ある新薬の承認について議論する審議会のメンバーとして、その新薬を開発した製薬企業から寄付金を受けるなど金銭的つながりをもつ大学の研究者が含まれることは適当でないことがある。もちろん、そうした金銭的つながりに左右されることなく、あくまで公平中立の立場からこの研究者が新薬承認の判断をすることも可能であるかもしれない。しかし、本人が意識することなく当該企業に好意的な判断をしてしまう可能性も否定できないし、一般国民からみたときに公正な判断が鈍ってしまうのではないかという懸念をもたれかねない。これが第5章で詳しく議論する、いわゆる利益相反の問題である。すなわち、新薬の承認を公正に判断するとい

第2章　科学的助言のプロセスと原則　45

う公的な利益と、製薬企業から金銭的な支援を受けるという個人的な利益とが相反してしまい、適切に責任を果たすことができなくなる、あるいはそのように関係者から受け止められてしまうという状況である。この利益相反を避けるため、特定の問題について深い知見を有する者であっても科学的助言者としての立場を退く必要がある場合もある。

　ただし、利益相反をすべて排除しようとすることは現実的には困難であり、また有益でもない。特定の新薬に関して最も深い科学的知見をもつ者は、その周辺の学術領域に最も通じているからこそ製薬企業から寄付金や受託研究費などの形で金銭的つながりをもっていることがあるからである。そのような者を全員排除すれば、むしろ的確な科学的判断ができなくなってしまう。かといって、あまりに大きな金銭的利害関係をもつ者によって新薬承認の判断が行われることは社会的に受け容れられない。したがって利益相反に関わる判断にもバランスが求められるのであり、多くの場合、公開すべき利益相反の基準や、審議を辞退すべき利益相反の基準に関するルールが設定されている。

助言の作成

　科学的助言を行うべき政策課題が設定され、科学的助言者が確定すると、いよいよ助言の作成プロセスが始まる。政府の審議会や科学アカデミーのような合議体であれば何回かの会合を通じて助言を作成することになるが、科学顧問のような個人にはより柔軟で迅速なプロセスによる助言が求められることも多い。助言の作成にあたっては、取り扱う課題に関連する調査分析活動が必要になるが、これは事務局やシンクタンク等の支援体制によって担われることが多い。助言案自体の作成もしばしば事務局とシンクタンク、そして少数の専門家集団が行う。

　こうした助言作成のプロセスにおいて押さえておくべき重要なポイントとしては、(1) 科学的助言者の独立性の確保、(2) 科学的助言の質の確保、(3) 不確実性・多様性の適切な取扱いの 3 点が挙げられる。

(1) 独立性の確保

　科学的助言者は、組織体であっても個人であっても、助言の受け手である政府や、関連企業その他の関係者・関係機関からの影響に左右されることなく助

言を作成することが必要である。政府側も、科学的助言者の活動に政治的な介入を加えてはならない。この基本的な要件が担保されなければ、科学的助言は「科学的」ではなくなってしまう。つまり、科学的助言者の独立性の確保は、科学的助言そのものの存在意義に関わることがらであるといえる。ただしこれは、第1章でも述べたとおり、科学的助言者側と政府側とのコミュニケーションおよび相互作用を排除すべきだということではない。

(2) 科学的助言の質の確保

　科学的助言者の独立性の確保を前提としたうえで、科学的助言者は自らの助言の質を最大限確保する必要がある。そのためには、科学的助言者が研究成果等を踏まえて客観的な立場から助言を行う必要があるのは当然だが、それに加えて関係の科学者等による査読を実施することが望ましい。ただし科学的助言を行う組織の性格によって、また事案の性格によって適切な査読の手続きは異なる。例えば気候変動に関する政府間パネル（IPCC）では、専門家による査読と政策関係者等を含めた幅広い関係者による査読の二段階方式というユニークな仕組みが設定されている。査読はその範囲と手続きをうまく設計すれば、科学的助言の質を高めることに大きく役立つ。

(3) 不確実性・多様性の適切な取扱い

　一般に科学的助言はさまざまなレベルの不確実性を内包する。そもそも地震予知など、確率的言及によって科学的助言を行う分野もある。一方、特定の事象について科学者の間で多様な意見が存在することによって全体的にみると不確実性が存在する場合もある。例えば、人類による二酸化炭素等の排出によって地球温暖化が生じているかどうかについては、現在では肯定派が圧倒的多数であるが、そのような見方を否定する科学者もいる。食品の安全性に関する科学的知見についても、特定の農薬などがどの程度のリスクを引き起こすかについて科学者の間で意見が割れることもある。医薬品分野では、海外で承認されている薬剤であっても、人種の違いなどにより国内では承認されない、あるいは適応処方が変わることもある。このように、科学的知見の完全な実証の困難さや、科学的助言をめぐる諸条件の違いが、科学的助言の不確実性・多様性を生み出している。

　科学的助言に関わる不確実性や多様性は、取り扱う問題の複雑さに応じて異

なる。例えば地球温暖化問題に関する科学的助言は、気象学、生態学、海洋学等の分野の知見のみならず、工学の諸分野や経済学・政治学をはじめとする人文社会科学分野の知見をもすべて統合したうえでなされる必要がある。言い換えれば、複雑な政策課題については学際的なアプローチからの科学的助言が必要になる。ところが、異なる学問分野の専門家は往々にして根本的な考え方を異にする。例えば、工学の専門家は再生可能エネルギーの利用拡大を重視し、経済学の専門家は排出権取引の導入拡大などを重視するといった傾向がみられがちである。科学的助言の作成にあたっては、そうした幅の広い見解がうまく統合される必要がある。

　不確実性や多様性を内包する科学的助言は、科学的助言者から政策担当者に注意深く伝達される必要がある。仮に科学的助言者が不確実性や多様性に関する説明を省略してしまえば、政策担当者側の誤った政策決定を導きかねない。政策担当者側にとってみれば、科学的な統一見解が示されたほうが政策決定を行いやすいだろうが、政策担当者の側が科学的助言者に統一的な見解を出すよう圧力をかけることがあってはならない。科学的助言者の側で、可能な限り統合的な助言を行うべきとする考え方もあるが、むしろ不確実性や多様性をそのまま伝達したほうがよいとする考え方もある。

助言の伝達と活用

　科学的助言は適切な形で政府に伝達される必要があるが、政府の側も、受け取った科学的助言を公正に取り扱わなければならない。例えば、政府は科学的助言のうち都合のよいものを選択的に用いたり、科学的助言に恣意的な解釈を加えてそれを政策形成に用いたりしてはならない。つまり、政策立案者は、提供された科学的助言が政策立案の際にどのように考慮されたかを常に説明できるようにしておくことが求められる。特に、提供された科学的助言と明らかに相反する政策決定を行う際には、その根拠を説明する義務があるとされることが多い。

　しかしながら、現実の政策形成の場面では、科学的助言の伝達と活用がうまくいかないケースもある。第4章では、わが国で2004年にBSE問題への対処をめぐって科学的助言が意図されざる形で政策担当者側に用いられた事例を紹介する。科学的助言者と政府の間の信頼、そして科学的助言に対する国民から

の信頼を損なわないためにも、科学的助言の伝達とそれに対する政府側の対応の透明性の確保は重要である。

3　重要性を増しつつある課題

緊急時の科学的助言

前述の OECD の科学的助言に関する国際共同プロジェクトでは、平時の科学的助言だけでなく緊急時の科学的助言の体制を整えることも非常に重要であるということが一つの大きなテーマとなった[10]。2015 年 10 月に開催された OECD 科学技術政策委員会（CSTP）の閣僚級会合においても、緊急時に科学的知見を用いて迅速に対応する体制を国内的にも国際的にも確立する必要性について議論された。わが国でも東日本大震災および東京電力福島第一原子力発電所事故の際に、緊急時の科学的助言の重要性が痛感されたところである。

緊急時の科学的助言は、厳しい時間的制約の下で、不十分な情報を基になされるという点で、平時の科学的助言とは大きく異なる。しかも、緊急時にはさまざまな専門家がメディアで見解を述べ、それらの見解の範囲や質がまちまちであることから、政策担当者にも国民にも混乱を招きやすい。このような事情から、緊急時の科学的助言のための特別の仕組みが必要であるというのが、近年の国際的な認識となっている。

英国では、政府主席科学顧問（GCSA）が緊急時に枢要な役割を果たす体制が近年確立されてきた。重大な緊急事態があった場合、英国では関係閣僚・高官により構成される内閣官房指令室（COBR）が立ち上げられ、そのなかに、テロ等の場合には戦略グループ（SG）が、それ以外の緊急事態の場合には民間緊急事態委員会（CCC）が設けられる。この COBR および CCC に対して必要な科学的・技術的知見を提供することを目的として、GCSA が召集するのが緊急時科学助言グループ（SAGE）と呼ばれる合議体である。SAGE は、GCSA が議長ないし共同議長を務めることとなっており、適切な専門家を招請して情報を集め、一元的な科学的助言を作成、提示する役割を負う。この SAGE が最初に

10）OECD, "Scientific Advice for Policy Making," pp. 33-37.

第 2 章　科学的助言のプロセスと原則　49

召集されたのは 2009 年の新型インフルエンザの流行時、次は 2010 年のアイスランドの火山爆発時、そして 2011 年の東京電力福島第一原子力発電所事故発生時であった。その後も 2014 年のエボラ出血熱流行時などに SAGE の仕組みが発動されている。このような英国の体制は、緊急事態への対応の一つのモデルとなりうると考えられている[11]。

いずれにしても、緊急時の科学的助言は、さまざまな情報や見解が飛び交うなかで政府や国民の信頼を集める必要があり、そのためにどのような体制整備を行うべきかが各国で課題になっている。また、大規模自然災害の発生や感染症の流行等の緊急事態は国境を越えた対応を必要とする場合も多く、国を越えて整合性のある国際的な科学的助言の仕組み作りが重要であるとのニーズの高まりに沿って、OECD 等でそのための具体的な検討が始まっている。

市民の関与

近年、気候変動や原子力開発、ワクチンの摂取、遺伝子組み換え食品など科学技術に深く関係する社会的課題が増加し、こうした問題に関する市民の関心が高まっている。このことは、科学的根拠のみに基づく政策形成が成り立ちにくくなっていることを意味する。なぜなら、科学的な観点だけから検討された政策が世に出たときに、市民社会の反発を受けてそれが実施可能でなくなってしまう場合が往々にしてあるからである。英国が定めた科学的助言に関する前述の原則が述べるとおり、民主主義社会においては科学は政府が政策決定にあたって考慮すべき根拠の一部に過ぎないのである。

市民の視点、ないし関連するステークホルダーの視点が、科学的助言から政策決定に至るいずれかのプロセスで取り入れられる必要がある。実際、わが国を含め、各国の審議会では科学者だけでなく他の専門家、産業界の代表、市民の代表などがメンバーに含まれているのが通例である。また、パブリック・コメントのような形で市民の意見を取り入れるプロセスを踏むことも一般的となっている。こうしたプロセスが必ずしも実質的なものになっていないという批判もあるが、それでも全体としての流れをみれば、市民参加の機会が増してい

---

11) House of Commons Science and Technology Committee, "Scientific Advice and Evidence in Emergencies, Volume 1: Report, Together with Formal Minutes, Oral and Written Evidence," March 2, 2011, pp. 15-19, 46-62.

る傾向は明らかであろう。今後は、近年の情報通信技術やソーシャルメディアの急速な発展により、政策形成への市民の関与の形態もますます多様化していくと考えられる[12]。

法的責任

科学的助言者は、政策形成に必要とされる助言を提供する重要な責任を負っているとされるが、それでは仮に誤った助言を提供してしまった場合には何らかの責任、ないし法的責任を問われることがあるのだろうか。これまで、このような問いが立てられることはあまりなかった。科学的助言者は、その時点で最善の科学的知見を基に政策担当者に対して助言を行っているに過ぎないからである。人知が及ばない範囲での判断については責任を問いようがないし、そもそも科学的助言者は一部の例外を除いて政策決定の権限をもたない（Box 2.3）。したがって、政策決定が引き起こした損害や不利益に対して科学的助言者に責任がないことは、ほぼ一般的理解であるように思われる。政策決定に責任をもつのは、基本的にはあくまで政府側だからである。

ところが近年、ある事件を契機として科学的助言者の法的責任に関する議論が国際的になされるようになった。2009 年 4 月、イタリアのラクイラで大きな地震が発生し 300 名以上が亡くなったが、この地震の発生直前に出された安全宣言ともとれる公式声明の公表に関係した科学者が過失致死傷害罪に問われ、2012 年 10 月の一審判決で禁錮 6 年の実刑が科されたのである。2014 年 11 月の二審ではこの判決は覆され、2015 年 11 月の上告審判決もこれを支持して科学者らは無罪となったが、第 6 章で述べるように、このケースは世界の科学者に大きな衝撃を与えた（詳しくは Box 6.4 を参照）。

実際には、これまで各国において科学的助言者が法的責任を問われた事例はほとんどない。しかし、科学的助言者が法的責任を負う可能性は理論上ゼロではない。そのような可能性は、国の制度にもよるし、また助言組織の性格、その政策決定等における役割、助言の公表における役割などにもよる。

また、仮に刑事・民事上の責任が実際に生じる可能性が皆無だとしても、提訴されること自体が科学者にとって個人的なダメージになることもある。そう

---

12) OECD, "Scientific Advice for Policy Making," pp. 39-42.

第 2 章　科学的助言のプロセスと原則　51

Box 2.3　わが国における審議会の法的位置づけ[13]

・　わが国には、国家行政組織法第8条または内閣府設置法第37条・第54条の
　規定に基づき法律または政令により設置される「審議会等」と、法令によらず
　閣議決定や大臣等の決裁のみで開催される「私的諮問機関」（懇談会、研究会、
　検討会議等）がある。

・　「審議会等」は「8条委員会」とも呼ばれ、「重要事項に関する調査審議、不
　服審査その他学識経験を有する者等の合議により処理することが適当な事務を
　つかさどらせるための合議制の機関」として置かれている。呼称に「等」が付
　されているのは「税制調査会」などの名称の場合もあるためである。審議会等
　は原則、自らの名で外部に国家意思を表示することができない。審議会等の諮
　問に対する意見に政府は法的に拘束されないのが一般的であるが、個別の法律
　の仕組みにより判断されるべきで、一概にはいえない。

・　一方、いわゆる3条委員会（国家行政組織法第3条または内閣府設置法第64
　条に基づく委員会）は、国家意思を決定し、外部に表示する合議制の行政機関
　であり、具体的には、紛争に係る裁定やあっせん、民間団体に対する規制を行
　う権限等を付与されている。また、規則制定権、告示制定権が付与される。現
　在は、公害等調整委員会、公安審査委員会、運輸安全委員会、原子力規制委員
　会、公正取引委員会、国家公安委員会などがこれに該当する。

・　なお、審議会等や3条委員会の委員は国家公務員法上の国家公務員である。
　国家賠償責任法（国や地方公共団体等の「違法な活動」によって国民に損害を生
　じさせた場合に加害者である国等が負うべき賠償責任に関する法制度）によると、
　審議会等の委員、専門委員などに対する求償は、「故意」または「重過失」が
　あった場合を除き、認められていない。

なると、科学者は助言を控えたり、科学的助言者としての立場に就くこと自体
を拒んだり、科学的根拠を歪曲してまでも敢えて安全側の助言をしたりするよ
うになりかねず、それは明らかに社会全体にとって不利益となる。そのような
事態が生じないよう、科学的助言者の責任および法的責任を事前に可能な限り
明確化しておくことが必要であるという指摘がなされている[14]。

---

13) 西川明子「審議会等・私的諮問機関の現状と論点」、『レファレンス』第676号、2007年5月、
　59-73頁。
14) OECD, "Scientific Advice for Policy Making," pp. 26-32.

52　　第Ⅰ部　科学的助言の現状と論点

4 まとめ──OECD による科学的助言のチェックリスト

　現代社会は質の高く信頼の置ける科学的助言を必要としており、科学的助言が有効に機能するためには本章でみてきたようなさまざまな仕組みとルールが必要となる。そのような仕組みやルールは国によって異なるが、共通していると考えられる部分もある。OECD の国際共同プロジェクトでは、そのような共通部分を抽出し、各国が科学的助言システムを設計・改良する際に参照すべき最低限の要件をまとめた「チェックリスト」を作成している（Box 2.4）。

Box 2.4　OECD による科学的助言のためのチェックリスト[15]

効果的で信頼される科学的助言プロセスは、

① 明確な付託事項をもち、多様な関係者の役割および責任が定められるとともに、以下の事項が必要とされる。

　a．助言と意思決定の機能・役割の明確な定義、および可能であれば明確な区別

　b．伝達に関わる役割および責任の定義、および必要な専門的能力

　c．すべての関係者、関係機関の法的役割および責任に関わる事前の定義

　d．付託事項に照らして必要となる組織上、運営上、人的な支援

② 必要な関係者──科学者、政策立案者、他の利害関係者──の参加を確保するため、次の事項が必要とされる。

　e．参加プロセスの透明性の確保と、利益相反の申告・確認・処理のための厳格な手続きの遵守

　f．問題に取り組むために必要とされる科学的知見を多様な分野から集めること

　g．課題設定や助言の作成において科学者以外の専門家や市民社会の利害関係者を関与させるか、またどのように関与させるかを明示的に考慮すること

　h．必要に応じて、国内外の関係機関と適時の情報交換および調整を行うための有効な手順を確立すること

③ 偏りがなく妥当かつ正当で、以下のような性質をもつ助言を作成しなければならない。

　i．入手できる最善の科学的根拠に基づいていること

　j．科学的不確実性を明示的に評価・伝達していること

　k．政治（および他の利益団体）の干渉を受けていないこと

　l．透明性があり説明責任を果たすように作成・活用されること

---

15) OECD, "Scientific Advice for Policy Making," pp. 26-32.

このチェックリストは、やや抽象的な書きぶりとなっている感は否めないが、世界で初めて示された科学的助言プロセスの国際的ガイドラインであるといえる。OECD の報告書は、このチェックリストを参照しつつ科学的助言のルールを設定するよう各国政府に求めており、あわせて緊急時の科学的助言のためのシステムを構築することの重要性も指摘している。また、科学的助言の有効な活用に向けて国際社会において共同で取り組むことを提言している。

　このような動きに関連して、2015 年にブダペストで開催された世界科学フォーラムで採択された宣言においても、「科学的助言の原則、プロセス、活用のあり方を定め、助言の提供者および受領者の独立性、透明性、可視性、説明責任に関わる理論的・実践的問題に取り組む必要性はかつてないほど高まっている……政策に有益な知見を提供し政策を評価するための科学を、責任、健全性、独立性、説明責任の観点から発展、活用する際の普遍的な原則を定め普及させるため、科学者と政策担当者が協調して行動を起こすことを求める」との記述がある[16]。ただし、科学的助言システムは各国固有の歴史や文化、政治・行政体制等の文脈のなかで機能するものであり、それぞれ独自性があってしかるべきで、その前提で国際的な取組みが進められるべきである。次章では、各国における科学的助言の特徴と、科学的助言のグローバル化とも呼ぶべき最近の動きを紹介する。

---

16)　"Declaration of the 7th World Science Forum on the Enabling Power of Science," Adopted on November 7, 2015, Budapest.

第3章　各国の科学的助言体制とグローバル化

　世界各国の科学的助言システムにはそれぞれ伝統と特徴がある。そのなかでも、これまで最も体系的な科学的助言の組織体制を築き上げてきたのは米国と英国だといえるだろう。序章で触れたように、科学的助言者の類型としては、(a) 科学技術政策に関する会議、(b) 審議会、(c) 科学アカデミー等、(d) 科学顧問等があるが、米国や英国ではこれらすべての類型の科学的助言者の役割がそれぞれ確立されており、関連する原則や指針も整備されている。ただし両国間でも、例えば米国の科学アカデミーのほうが英国よりも実質的に政策への影響力が大きく、英国の科学顧問システムは米国よりも守備範囲が広いなどの相違がみられる。他の主要先進国もそれぞれ固有の科学的助言システムをもっており、それは各国の歴史的経緯や政治的・文化的な文脈を反映している。各国の科学的助言システムを比較しつつ、その背景を探るのが本章の目的の一つである。

　本章のもう一つの目的は、近年のグローバル化の進展や地球規模課題の増加に伴って、科学的助言の国際化の流れがどのように強まってきているかを紹介することにある。科学的助言の国際化は地球環境問題の重要性が認識され始めた1970年頃から進展し始め、それ以降さまざまな国際的組織が設立されてきたが、特に2013年頃から関連の動きが加速してきている。科学的助言の国際化には、気候変動や生物多様性などのグローバルな政策課題に連携して対応するための体制作りという側面と、各国が自らの科学的助言システムを改善するために互いに他国の経験から学びつつ議論を深めるという側面があるが、その両方について各国および国連をはじめとする国際的な組織が重要性を認識し、取組みを急速に進めている。本章ではそのような動きについて触れたうえで、そうした組織の効果的なネットワーク化の必要性について論じる。

1 各国の科学的助言組織の歴史と現状

科学技術政策に関する会議

　科学的助言者の四つの類型のうち、「Policy for Science」、すなわち科学技術政策（あるいは科学技術イノベーション（STI）政策）を審議する組織として、各国にはハイレベルの合議体が置かれている。わが国では総合科学技術・イノベーション会議（CSTI）がそれにあたる。第8章で詳述するように、CSTIは内閣府に設置されている「重要政策に関する会議」であり、内閣総理大臣を議長とし、有識者だけでなく関係閣僚も議員に含まれていることから、科学的助言組織としての性格と実質的なSTI政策の最高意思決定機関としての性格をあわせもった合議体であるといえる。1959年に設置された科学技術会議を前身とするが、2001年の中央省庁再編時にその組織と機能を強化されて総合科学技術会議（CSTP）になり、さらに2014年にCSTIへと改名されて所掌範囲が拡大され、現在に至っている。

　米国では、大統領科学技術諮問会議（PCAST）がこの類型の科学的助言組織である。PCASTは米国内の学界および産業界からの代表者約20名で構成され、大統領科学顧問と委員一名が共同議長を務める合議体であり、STI政策の重要事項について大統領に助言を行っている。その前身は1957年に設置された大統領科学諮問委員会（PSAC）だが、PSACは迎撃弾道ミサイル計画や超音速旅客機開発計画をめぐってニクソン政権と対立したために、いったん1973年に廃止され、1990年にPCASTとして復活した経緯がある。この経緯から分かるように、PCASTはつねに政治の強い影響下に置かれてきた。その運営には一定の独立性や透明性が担保されているが、大統領直属の機関である以上、PCASTの政治的独立性の厳密な確保は困難であり、またそれは必ずしも期待されていない[1]。なお、日本のCSTIとは違い、大統領や関係閣僚はPCASTの構成員になっていない。米国では別途、大統領を議長とし関係閣僚から構成される国家科学技術会議（NSTC）という組織が置かれており、そこで政府部内の科学技術政策に関わる方針の調整が行われている。

---

1) Zuoyue Wang, *In Sputnik's Shadow: The President's Science Advisory Committee and Cold War America*（New Brunswick, NJ: Rutgers University Press, 2009）.

英国にもやはり科学技術会議（CST）というSTI政策の最高レベルの諮問組織がある。学界や産業界からのメンバー約20名で構成され、政府主席科学顧問（GCSA）と委員1名が共同議長を務めており、STI政策の重要事項について首相に助言を行うことを任務としている。1976年に設置された応用研究開発諮問会議（ACARD）から数次の改組を経て現在の形になった。

ドイツでは、国際的に著名な6名の研究者により構成される研究イノベーション専門家委員（EFI）が連邦政府のSTI政策に関する諮問機関として機能している。フランスでも、学界・産業界等の代表者26名から成る研究戦略会議が首相直属の組織として置かれ、国の研究戦略を決定している。

このように、各国ではSTI政策に関する重要事項を審議するハイレベルの合議体が首脳の直下に置かれているケースが多い。

審議会

各国の政府にとって、各政策分野の科学的助言（「Science for Policy」）を入手する最も主要なルートは審議会である。わが国では、法令に基づいて各府省に審議会が設置されており、各審議会の下には専門部会や分科会等が置かれている。それ以外にも大小さまざまの私的諮問機関（懇談会等）があり、それらをあわせれば数千の合議体がある。そうした場での議論や、作成される答申・報告などを通じて、各府省の担当部署は政策を策定し、予算要求に反映したり法令や基準等の改正を行ったりする。

審議会の一つの大きな潜在的問題点は、各府省の担当部署が委員選定を概ね決める権限をもっていることである。大臣が委員を任命する場合であっても、委員選定の原案は各部署が考え、それが基本線となって検討がなされるからである。すると、第2章で論じたように、委員選定が本当に適切になされるかどうかが大きな問題になる。利益相反の観点から委員としての適格性を判断することはある程度の客観性をもってできるとしても、政府の政策方針に近い見解をもつ委員が多く任命されてしまいかねないといった懸念がある。このため、各国では、審議会の運営に関する指針が定められているのが一般的で、例えばわが国では「委員の任命に当たっては、当該審議会等の設置の趣旨・目的に照らし、委員により代表される意見、学識、経験等が公正かつ均衡のとれた構成になるよう留意するものとする」とされている[2]。

第3章　各国の科学的助言体制とグローバル化　57

審議会の委員構成は、取り扱う政策課題によって大きく異なる。医薬品審査や環境基準の設定など、技術的な審議内容が中心となる場合は自然科学分野の専門家が委員の多くを占めることが一般的だが、財政や外交などの政策分野では社会科学分野の専門家が多くなるであろうし、厚生労働政策などの場合には病院、患者団体や労働団体の代表などもメンバーに入ることが多くなる。また、いずれの政策分野でも産業界やNPO、メディアの代表など、狭い意味での専門家ではないメンバーが含まれることも多い。従って、審議会の答申や報告は通常、純粋に科学的な見地からの助言ではなく、科学的視点と他の視点が統合された助言であるといえる。

　海外をみてみると、米国では大統領や行政機関により設置される連邦諮問委員会が、常設のものと臨時のものを合わせて1000程度ある。それらの委員には有識者だけでなく議会の議員や政府関係者が含まれる場合も多い。1972年に制定された連邦諮問委員会法は、連邦政府の諮問委員会の独立性確保や、委員任命の手順、委員会の会合の公開等について定めており、委員構成については「バランスがおおむねとれた」ものとなるよう最大限の努力を求めている。英国では、日本の審議会に相当するものとして常設の「政府外公共諮問機関」（「王立委員会」を含む）のほか、臨時の「タスクフォース」「レビュー」など多様な組織形態がある。これらを合わせて500程度の諮問機関があるとされ、それらの運営のための詳細な指針も策定されている[3]。

科学アカデミー等

　著名な学識者をメンバーとする科学アカデミーが科学的助言組織として重要な役割を果たしている国もある。米国では、全米科学アカデミー（NAS）が1863年に設立された。当時のリンカーン大統領が署名したその憲章によれば、NASの目的は「政府の各省からの要請に応じ、科学ないし技術のあらゆる課題に関して調査、検討、実験、報告を行うこと」であった。NASは次第に組織を拡大し、1916年にはその実働組織としての機能をもつ全米研究会議（NRC）が設置され、さらに1964年には全米工学アカデミー（NAE）が、1970年には

---

2)「審議会等の整理合理化に関する基本的計画」、1999年4月27日閣議決定。
3)　西川明子「審議会等・私的諮問機関の現状と論点」、『レファレンス』第676号、2007年5月、59-73頁。

医学院（IOM、2015 年に全米医学アカデミー（NAM）に改称）が設立された。現在では、これらの組織をあわせて全米科学工学医学アカデミーと呼ぶ。

　NAS は、科学者共同体を代表して政府に対して科学的助言を行う非政府機関として、現在では幅広い政策課題に関して毎年数百件の科学的助言を行っている。独立の立場からの助言であることを前面に掲げており、その権威は米国内だけでなく国際的にも広く認められ、政府の政策形成に欠かすことのできないものとなっている。

　ただし、歴史的にみると NAS といえども完全に独立の立場から科学的助言をつねに行うことができたわけではない。NAS は政府機関ではないが、科学的助言を作成する際に政府機関から支払われる対価を主要な収入源として運営されている。このため、財政面では NAS は政府から独立しているとはいえないのである。例えば 1950 年代には、放射性廃棄物の問題を担当していた NAS の委員会が、助言先の原子力委員会（AEC）に対して批判的な立場をとったために解散させられたこともあった。当時、NAS は政府に批判的な立場を強く主張することはなかなかできなかったのである[4]。しかしその後 NAS は利益相反の取扱い手続きや査読の実施手順などを設定し、1997 年には連邦諮問委員会法が NAS に明示的に適用されるようになったこともあり、独立した信頼性の高い科学的助言機関としての地位を米国内外で確立している。

　英国の科学アカデミーである王立協会も、高い権威をもつ科学的助言機関である。王立協会の歴史は大変古く、1660 年に設立され、1664 年に出されたその最初の報告書は英国の森林の状況に関するものだった。そのモットーは、"Nullius addictus iurarae in verba magistri"（「権威者の言葉に基づいて誓わない」）であり、根拠（実験、観測）をもって事実を確定していくという近代科学の価値観を強調するもので、そのような価値観に基づき近代科学の発展を主導する役割を果たしてきた。

　王立協会は、歴史を通じてみれば科学者の栄誉機関としての意味合いが強かったが、創立 350 年を前にした 2008 年、「科学政策センター」を設立した。これは、王立協会の科学的助言機能を強化するためのシンクタンク的な組織で、取り扱う主なテーマとしては持続可能性、科学外交、イノベーション、ガバナ

---

4) Phillip M. Boffey, *The Brain Bank of America: An Inquiry into the Politics of Science* (New York: McGraw-Hill, 1975).

ンスを挙げている。王立協会も科学と政府、社会との橋渡し役としての役割を
強化しようとしているのである。

　わが国では、科学者の顕彰機関としての日本学士院と、科学者としての立場
からの意思や見解を政府や社会に対して発信する日本学術会議が、それぞれ別
の組織として置かれている。1949 年に設立された日本学術会議は、これまで政
府に対して重要な科学的助言を提示してきたが、従来よりわが国の政府は科学
的助言の入手先として審議会を重視する傾向もあり、日本学術会議による科学
的助言の実質的影響力は限られてきた。しかし同会議は 2013 年には「科学者
の行動規範―改訂版」に科学的助言に関する記述を新たに盛り込んで科学的助
言活動を強化する意思を表明しており、必要な体制整備が今後の課題となって
いる（Box 2.2a を参照）。

　他の各国にも科学アカデミーは存在するが、その形態は多様である。例えば、
ドイツでは、分権的な政治・社会体制を反映して八つの地域アカデミーがあり、
そのうちベルリン・ブランデンブルク科学・人文科学アカデミー（BBAW）の
みが連邦政府に対する科学的助言を行っていて、国家アカデミーの一つとして
も位置づけられている。ドイツの国家アカデミーとしては、他に自然科学分野
に重点を置いているレオポルディナ（Leopoldina）科学アカデミーおよび工学分
野のアカデミーであるアカテック（acatech）がある。序章でも紹介したように
BBAW は 2008 年に科学的助言のあり方に関する指針を公表しており、他の国
家アカデミーもそれを採用している。

　科学アカデミー以外にも、個別の学会や協会、官民のシンクタンク、公的研
究所等の多様な学術関連団体が科学的助言を行う場合もある。例えば、米国で
は全米科学振興協会（AAAS）が科学技術政策に関する声明等を出すことがあ
るし、年次総会、シンポジウム、そして同協会の出版物であるサイエンス誌な
どを通じて政策形成に大きな影響力をもっている。また、電気電子学会（IEEE）
やアメリカ物理学会（APS）なども幅広い政策分野にわたって報告書を公表し
ている。一方わが国では、関連学会が作成した基準等を政府が公式のものとし
て位置づける仕組みも作られてきた。

　ドイツやオランダでは、各省庁の下に置かれている研究所が重要な科学的助
言機関として位置づけられている。また、欧州連合（EU）には、その政策執
行機関である欧州委員会（EC）の総局の一つとして強力な調査研究能力をもつ

60　　第 I 部　科学的助言の現状と論点

共同研究センター（JRC）が置かれており、STI に関連する政策的事項について EU 全体に助言を行う重要な役割を果たしている。JRC の機能は、欧州各国に置かれている七つの研究所が担っている。

このように、国（および地域）による行政体制や研究者組織の構造の相違を背景として、アカデミーや学術団体から政府へ科学的助言が提供される経路も多様となっている。

科学顧問等

国によっては、政府首脳に直接助言を行う科学顧問が非常に重要な役割を果たしている。英国には、1964 年より政府主席科学顧問（GCSA）が置かれてきた。GCSA は、国内外の科学技術に関連する問題について首相や内閣に助言を行うとともに、政府全体で科学的助言が適切に政策に反映されていることを確認する役割を負っている。GCSA は科学技術全般に関わる政策の立案・推進を任務とする政府科学局（Government Office for Science）の長でもあり、政府科学局がいわばシンクタンクとして GCSA の活動を支えている。また、英国では各省にも主席科学顧問（CSA）が置かれており、GCSA が主宰する主席科学顧問会議を構成している。政府全体にわたって科学助言者のネットワークが形成されているとみることができる。

米国では、大統領科学顧問が 1957 年より置かれてきた。大統領科学顧問は、科学技術に関する幅広い事項について大統領に最も近い立場から助言を行う。大統領府科学技術政策局（OSTP）の長を兼任し、政権によっては大統領補佐官（科学技術担当）の地位を与えられることもある。通常、大統領科学顧問には有力な科学者が任命されるが、その職にあたっては高度に政治的な配慮が求められる。なお、米国では、国務省に国務長官の科学顧問が置かれている。

英国の GCSA と米国の大統領科学顧問には、多くの共通点がある。両者とも、Policy for Science と Science for Policy の双方に関与し、それぞれシンクタンク的な組織である政府科学局、OSTP によって支えられており、平時のみならず災害などの緊急時対応において特に重要な役割を果たす。一方、両者の間には相違点もある。英国の GCSA は Science for Policy の広範な領域において中心的な役割を果たしているのに対し、米国の大統領科学顧問は Policy for Science に重点を置き、助言者としてだけでなく OSTP の長として科学技術政策

の政策決定者としても機能している。また、米国の大統領科学顧問は政治任用であり、大統領が替われば通常交代するのに対し、英国の GCSA は政治任用ではなく、政治的中立性等に配慮して採用選考される公務員であり、政権交代があっても任期を全うする。このため、英国の GCSA よりも米国の大統領科学顧問のほうが政治への距離は近いとされる[5]。さらにいえば、米国の大統領科学顧問は、もともと国防関連組織のポジションをその前身としていたこともあり、物理科学や工学の素養が重視され、オバマ政権までに任用された歴代の 15 名の大統領科学顧問のうち 14 名が物理科学ないし工学の博士号をもつ。これに対し、英国の GCSA は生命科学、物理科学、工学、そして融合領域から広く任命されている。

　他に主席科学顧問が置かれている国としては、アイルランド、チェコ、オーストラリア、ニュージーランド、インド、マレーシアなどがある。ただ、それぞれ名称と機能は少しずつ異なっている。例えば、1989 年から置かれているオーストラリアの「主席科学者」は、基本的には Policy for Science のみを担当し、Science for Policy には関与していない。一方、2009 年に置かれたニュージーランドの「首相主席科学顧問」は双方に関与し、特に近年は各国の科学顧問のグローバルなネットワークの構築に積極的に取り組んでいる。

　わが国でも東日本大震災および東京電力福島第一原子力発電所事故の後、科学的助言機能を強化するために、「科学技術イノベーション顧問（仮称）」の設置が政府の有識者研究会により 2011 年 12 月に提言された。緊急時において情報が錯綜するなかでも、一元的に政府首脳に情報提供ができるようにすべきであり、また平時においても行政とは独立した立場から科学的助言を行う体制があることが望ましいという考え方が出てきたからである[6]。しかしながら、わが国にはすでに CSTI（当時 CSTP）や審議会などから成る科学的助言体制が存在しており、そうした既存組織との関係の明確化が難しいなどの事情があったため、「科学技術イノベーション顧問」の構想はなかなか実現しなかった。しかし 2015 年 5 月に外務大臣の有識者懇談会が「外務大臣科学技術顧問」の試行的な設置を提言し、9 月には岸輝雄東京大学名誉教授がその初代に任命され

5）榎孝浩「行政府における科学的助言—英国と米国の科学技術顧問」、『レファレンス』第 779 号、
　　2015 年 12 月、115-144 頁。
6）「科学技術イノベーション政策推進のための有識者研究会報告書」、2011 年 12 月 19 日。

62　　第 I 部　科学的助言の現状と論点

た。これは外交分野での科学技術（「科学技術外交」）の重要性が急速に高まっていることを踏まえたものである[7]。

　他の国をみると、ドイツ、フランス、イタリア、中国などの国には主席科学顧問は存在しない。その理由は一概に説明できないが、各国がそれぞれ異なる独自の政治上、行政組織上、そして文化的な背景をもっているからだといえるだろう。主席科学顧問の体制がどの国にも普遍的に有効であるとの主張はほとんど聞かれない。わが国でも、新任された外務大臣科学技術顧問の実績、今後の世界の状況をみながら、科学顧問制度とその支援体制の拡大などについて引き続き検討していく必要がある。

　なお、欧州では 2012 年から 2014 年にかけて、EC 委員長の主席科学顧問が置かれた。その初代に任命されたアン・グローバーは、英国のスコットランドの主席科学顧問を務めた経験を活かして EU 域内の科学的助言者のネットワーク化を図るなど積極的に活動を行った。しかしながら、2014 年 11 月のバローゾ EC 委員長からユンケル EC 委員長への交代に伴い、このポジションは廃止され、2015 年 11 月、新しく合議制の委員会による科学的助言体制が組まれた。欧州域内でも主席科学顧問制度のあり方については多様な意見がある。

民主主義社会と科学的助言の正当性

　以上みてきたように、科学的助言の組織形態は国によって異なっており、その背景には各国の行政体制や研究者組織の構造の相違がある。だが、より根本的に、各国の科学的助言を成り立たせている社会的価値観の構造にも相違があるとの指摘がある。民主主義社会において科学的助言の有効性を支えているのは、結局は科学的助言に基づく政策形成プロセスの正当性に対する国民の信頼である。そのような科学的助言の正当性が担保されるメカニズムが、米国、英国、ドイツの間でまったく異なると米国ハーバード大学のシーラ・ジャサノフは論じている[8]（表3.1）。ジャサノフは、政策形成と科学の問題について長年研究を積み重ねてきた科学技術社会論（STS）の研究者である。

7）「科学技術外交のあり方に関する有識者懇談会報告書」、2015 年 5 月 8 日。

8）Sheila Jasanoff, "Quality Control and Peer Review in Advisory Science," in Justus Lentsch and Peter Weingart（eds.）, *The Politics of Scientific Advice: Institutional Design for Quality Assurance*（Cambridge: Cambridge University Press, 2011）, pp. 19-35.

表 3.1 科学的助言の正当性を構成する要素

	米国	英国	ドイツ
知識	（公式の）健全な科学	実証的な公有の知識	集合的に検討された知識
専門家	技術的に最優秀の専門家	経験豊かで信頼できる人物	承認された組織の代表者
助言組織	多元的で利害を有するメンバーを概ねバランスよく構成（ステークホルダー）	公共の利益を識別できるメンバーにより構成（公務）	関連するすべての見解が含まれ代表されるようなメンバー構成（公共圏）

　ジャサノフによれば、米国で最も重視されるのは、政策決定の基盤となる科学的助言の質と健全性の確保である。従って助言者に求められる資質は、肩書きや立場よりも、取り扱う内容に照らして最も適した科学的知見の保持者であることである。また、科学的助言の質の確保の手段として、別の専門家による査読の実施が重視されている。一方、諮問委員会等の助言組織には多様なメンバーが参画するが、その際バランスのとれたメンバー構成としなければならないことが連邦諮問委員会法に規定されている。そのうえで、各助言組織の運営における高いレベルの透明性の確保を通して、科学的助言の質の保証が目指されている。

　英国では、米国とは違って、助言を担う専門家の経験、徳、信頼といったものが重視される傾向がある。すなわち、英国の科学的助言システムは、公共の利益を代表して判断する能力をもつ人物であると誰もが認めるような科学者個人に依存している。そうした科学者は、能力や識見のみならず、献身的な社会的貢献の実績を通して信頼を確立し、実証的に得られた共有の知識を重視しつつ、合意を形成する。

　ドイツの科学的助言システムもまた独自の特徴をもっている。ドイツでは、専門家は特定の組織を代表する立場から発言することが一般的である。すなわち、政党、労働組合、事業者団体、宗教団体、同業者組合、市民団体といった組織に所属する専門家が、その組織を代弁する形で審議会等に参画する。その際に最も重視されるのは、取り扱う問題に関連するすべての組織の代表者が審議会等に含まれるようにすることである。そのような社会の縮図としての審議会が到達した判断こそ正当性を得るのである。

　このようなジャサノフによる分析は、各国間の相違を単純化し過ぎているきらいもあるが、それぞれの科学的助言システムの特徴を端的に突いている。こ

64　第 I 部　科学的助言の現状と論点

のような構造的相違に基づいて各国で科学的助言は機能しているのであり、だからこそ科学的助言の制度設計は単純ではないのである。

2　科学的助言のグローバル化

近年の急速な動き

　世界各国の科学的助言システムはそれぞれ政治的・文化的背景をもった特徴的なものとなっているが、一方で近年の地球規模課題の増加は科学的助言の国際化をも強く促している。今日の国際社会は、適切で信頼の置ける科学的助言をかつてないほど必要としているからである。そのための体制は未だ十分に確立されているとはいえないが、2013年頃からその点に関する議論が急速に本格化してきた[9]。

　まず、2013年4月、経済協力開発機構（OECD）の科学的助言のあり方に関する国際共同プロジェクトがスタートした。2年間の検討を経て2015年4月に報告書が公表され、同年10月に韓国のデジョンで開催されたOECD科学技術政策委員会（CSTP）の閣僚会議でも科学的助言システムの強化が重点項目として取り上げられた。また、国連も2013年10月、国連事務総長科学諮問委員会（SAB）を設置した。世界各国からの26名の科学者で構成されるこの委員会は、2014年1月にベルリンで初回会合を開き、持続可能な発展をはじめとする国連の政策に科学的知見を反映させるという目標に向けて活動し始めた。

　さらに、2014年8月にはニュージーランドのオークランドで約40か国からの主席科学顧問等が集まる会合が初めて開催された。国際科学会議（ICSU）の支援の下、ニュージーランドの首相主席科学顧問ピーター・グルックマンがこの会合をホストし議長を務めた。ICSUは各国の科学アカデミーと各学問分野の国際学会の頂点に立つ国際的組織で、「科学の国連」と言われる。この組織が、国際政治に接近し協働して、地球、人類が直面する難問に対処しようとする方向に大きく舵を切ったとみることができよう。オークランドの会合は、世界中からの数多くの主席科学顧問等が、科学的助言のグッド・プラクティスを

---

9)　Yasushi Sato, Hirokazu Koi, and Tateo Arimoto, "Building the Foundations for Scientific Advice in the International Context," *Science and Diplomacy* 3: 3 (September 2014), pp. 25–48.

第3章　各国の科学的助言体制とグローバル化　　65

議論、探求したという点で画期的であった。各国の主席科学顧問等の継続的な国際ネットワーク構築の実現可能性に関する議論もなされ、これはすでに「政府への科学的助言に関する国際ネットワーク（INGSA）」という形で実を結んでいる。2016年9月にはブリュッセルでINGSAの次回会合が開催される。

また、2013年からアジア太平洋経済協力（APEC）の加盟国の主席科学顧問等による同様の会議が毎年開かれており、2014年6月には欧州でも同様の会議が開かれている。

ICSUの歴史

このような科学的助言の国際化とも呼ぶべき現象は最近のものであるが、国際的な科学的助言組織には長い歴史がある。ただ、国際的な科学的助言組織といっても、ICSUのように世界中の科学者の代表を集めた組織から、世界保健機関（WHO）、世界気象機関（WMO）、国連食糧農業機関（FAO）のように特定の分野の科学的助言をミッションの一つとする組織、そしてOECDのように一部の特定の国によって構成される組織などさまざまな種類のものがある。そうした多様な国際的な科学的助言組織がこれまでどのように発展し現在に至ったのか、以下簡単に振り返ってみたい。

国際的な科学的助言組織のうち、最も長い歴史をもつのはICSUである。その前身である国際アカデミー連盟は1899年に設立された。1919年には国際研究会議へと改組、そして1931年にICSUになった。ただ、当時のICSUの主たるミッションは科学的助言ではなく、科学分野における国際的な連絡・協力であった。なお、当時のICSUは国際学術連合会議（International Council of Scientific Unions）という名称であり、1998年に国際科学会議（International Council for Science）に改称されたがICSUという略称はそのまま残された。

第二次世界大戦後、ICSUは、1946年に設立された国連教育科学文化機関（UNESCO）と協力して活動するようになる。これによりICSUはUNESCOから資金援助や国連との政治的なつながりといった恩恵を受けた一方、UNESCOはICSUが有する国際的な科学者コミュニティの広範なネットワークを活用するようになった。

WHO、WMO、FAOなども戦後まもなく誕生し、ICSUはこれらの機関とも共同プロジェクトの実施などで協力するようになる。有名なものでは、ICSU

はWMOと共同で1957年7月から1958年12月までを国際地球観測年（IGY）として設定し、国際協力による地球物理学研究を推進した。67か国の参加を得たこの計画の期間中にソ連は世界初の人工衛星、スプートニク1号の打上げに成功し、米国もこれに続いている。

1950年代から1960年代にかけてICSUの機能は拡がり始める。1958年には南極研究科学委員会を設立し、南極地域の保護・管理に関する科学的助言を提供し始めた。ICSUの科学的助言機能は、環境運動の盛り上がりとともに1960年代末期に一段と拡大する。1969年、ICSUは環境問題科学委員会を設立し、関連研究の計画と実施、そして中立的な科学的助言の各国政府への提供を行うこととした。それ以来、世界中の科学者や政策立案者は、科学的知見と政策立案とをつなぐ仕組みの必要性をますます認識するようになった[10]。さらにその後、序章でも触れたように、1996年にはICSUの外部評価委員会がICSUの科学的助言機能の強化を提言したことを受け、科学的助言がICSUの重要なミッションとして認識されるようになる[11]。

多様な国際的組織の登場とネットワーク化

1970年代以降には、地球環境問題をはじめとする地球規模の課題が国際社会の関心事となるにつれ、他の国際的な科学的助言組織も台頭し始めた。気候変動に関する政府間パネル（IPCC）は、国連環境計画（UNEP）とWMOにより1988年に設立された。第7章でも触れるように、IPCCによって数年毎に公表される評価報告書は、科学的分析・評価の結果のみを掲載し、勧告は含んでいない[12]。にもかかわらず同報告書は国際社会や各国の政策に多大な影響を与えてきた。そのことは、IPCCが国際政治と科学の重要な橋渡し機関として機能していることを示している。

同様の国際的機構である、生物多様性および生態系サービスに関する政府間科学政策プラットフォーム（IPBES）は2012年に設立された。特定の領域について科学的助言を提供することを目的として設立された機関は他にもある。第

---

10) Frank Greenaway, *Science International: A History of the International Council of Scientific Unions* (Cambridge: Cambridge University Press, 1996).

11) ICSU Assessment Panel, *Final Report*, October 1996.

12) Protection of Global Climate for Present and Future Generation of Mankind, Resolution Adopted by the General Assembly of the United Nations (December 6, 1988)

三世界科学アカデミー（TWAS、現在は世界科学アカデミー）は 1983 年に設立され、1991 年には UNESCO のプログラムとなった。TWAS は、発展途上国の持続的発展に関わる科学的助言の提供を目指した活動を行っている。OECD は 1992 年にメガサイエンス・フォーラムを設立、1999 年にはこれをグローバル・サイエンス・フォーラム（GSF）と改称し、各国からの政府職員や科学者が集まって科学技術政策に関する広範な問題を協議し、その結果をまとめた報告書を作成する場を作った。序章および第 2 章で触れた OECD の科学的助言に関する報告書も、この GSF の検討テーマの一つの成果である。

　1993 年には科学的助言のための新しい国際機関であるインターアカデミーパネル（IAP）が設立され、2000 年には IAP によりインターアカデミーカウンシル（IAC）も創設された。IAP も IAC も ICSU に似た組織で、各国の科学アカデミーのネットワークである。第 7 章で述べるように、IAC は 2010 年、国連と IPCC の依頼に基づき、IPCC の活動の改善に関する独立の評価を行ったことで知られる [13]。

　最近では、各国の研究助成機関が独自の国際ネットワークを設立している。2012 年 5 月、世界の約 50 の研究助成機関が初めて会合をもち、グローバル・リサーチ・カウンシル（GRC）の設立を発表した。GRC は科学的助言機関そのものではないが、これまで研究公正や科学者の責任、科学研究における査読のあり方などをテーマに年次会合を開き、声明を発表してきている。

　また、近年、欧州では次々と新しい地域レベルの国際的組織が設立されている。2001 年に創設された欧州アカデミー科学諮問会議（EASAC）は、欧州各国の科学アカデミーの連合体であり、欧州域内の政府機関に対する科学的助言の提供を主要なミッションとしている。また、2002 年に設立された欧州研究基盤戦略フォーラム（ESFRI）は、各国から集まった代表が欧州の大規模研究施設等の整備の方針についての提言を作成している。サイエンス・ヨーロッパという、域内の研究機関や研究資金配分機関のネットワークも 2011 年に発足し、二年毎に産学官民が集まり科学技術のあり方を議論する大会（EuroScience Open Forum、ESOF）を開催している。

　上述のように、国際的な科学的助言機関は第二次世界大戦後着実に増加し、

---

13) InterAcademy Council, "Climate Change Assessments: Review of the Processes and Procedures of the IPCC," October 2010.

かつ多様化してきた。これは、ここ何十年かの間に社会経済活動の国際化が加速してきたこと、科学・技術・社会の間の関係がより大きな複雑性や不確実性を伴うようになってきたことを考えれば自然なことであるともいえるだろう。そうした流れは、序章でも触れたように、1999年にUNESCOとICSUの共催により開催された世界科学会議において、「知識のための科学」に加えて「社会のなかの科学、社会のための科学」の重要性を強調したブダペスト宣言が採択されたことに象徴されている。この世界科学会議は、現在は世界科学フォーラム（WSF）として2年毎に開催され、世界の科学技術政策の主要な議論の場となっている。

3　まとめ──システム・オブ・システムズの形成に向けて

　科学的助言に関する現在の世界的構図は、きわめて複雑である。各国が、歴史的に形成され、それぞれの政治的・文化的文脈に浸透している独自の制度をそれぞれ採用している。国際的対話とネットワーク化への努力は始まったばかりで、異なる国家制度の調和が達成できるか、どのように達成できるのか、どこまで達成できるのかについて模索が続いている。一方で、国際社会が多くの地球規模課題に直面するなか、科学的助言を提供する国際的組織の数も増加してきた。これらの国家的・国際的制度をネットワーク化し全体としてより効果的に機能させるために、本格的な取組みが現在必要となっている。

　各国間の対話の拡大が、科学的助言の国際化にとって有益であることは明らかである。各国はそれぞれ独自の科学的助言制度をもつが、他国の経験に学ぶことは重要だからである。しかしながら、単なる対話や議論の促進だけでは十分ではない。科学的助言が今日のグローバル化した社会において効果的に機能するには、関係する既存の国際的組織・活動が一体となって、全体の潜在能力を最大限に引き出す仕組みを設計する必要があろう。すなわち、世界の科学的助言のための、適度に柔軟だが効果的な「システム・オブ・システムズ」の形成を目指すべきである（図3.1）。

　このような目標に向けて活動するなかで、すべての関連する国際的組織は、まず初めに相互の活動、位置づけについて理解と認識を深めるべきである。そのうえで、例えばICSUやIAC、IAP、UNESCO、GRC、OECDのGSF等の

第3章　各国の科学的助言体制とグローバル化　69

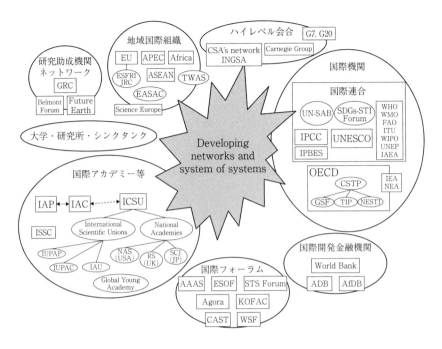

図 3.1 科学技術政策・科学的助言に

組織は、科学的助言の共通のビジョンと方法、課題を打ち出すことができるだろう。また、科学的助言のプロセスや制度のあり方を検討・提案することなどを通じて、特定の政策分野において科学的助言を提供する IPCC や IPBES、WMO、WHO 等の組織とも密接に協力することができる。

　国際的な科学的助言のための「システム・オブ・システムズ」の構築は、これまで手つかずだった差し迫った問題への取組みをも可能にするだろう。例えば 21 世紀に入って、世界的に科学研究への資源投入が拡大し、またイノベーション政策の強化が進むにつれ、科学研究の方法は大きく変わってきている。毎年産出される科学的情報の量は急増し、大学間や研究者間の競争も激化し、科学的活動の商業化も拡大している。このような変化のなかでいかに科学の健全性を維持しながら、科学の社会的価値を高め、時代に応じた質の高い多様な科学者・技術者を育成していくか。こうした問題が、科学的助言の世界的な連携にとって重要な議題となりうる。

本章において初出の略語等
Belmont Forum: ベルモントフォーラム（地球環境関連研究の資金配分機関のネットワーク）
Future Earth: フューチャーアース（地球環境関連の統合的な国際研究計画の枠組み）
Carnegie Group: 主要国の科学技術担当閣僚および科学技術顧問等のハイレベル会合
SDGs-STI Forum: 持続可能な開発目標に関する科学技術イノベーション・フォーラム
ITU: International Telecommunication Union（国際電気通信連合）
WIPO: World Intellectual Property Organization（世界知的所有権機関）
IAEA: International Atomic Energy Agency（国際原子力機関）
IEA: International Energy Agency（国際エネルギー機関）
NEA: Nuclear Energy Agency（原子力機関）
TIP: Working Group on Innovation and Technology Policy（イノベーション技術政策作業部会）
NESTI: Working Party of National Experts on S&T Indicators（科学技術指標専門家作業部会）
ADB: Asian Development Bank（アジア開発銀行）
AfDB: African Development Bank（アフリカ開発銀行）
STS Forum: Science and Technology in Society Forum（科学技術と人類の未来に関する国際フォーラム）
Agora: サイエンスアゴラ（JST が主催する科学一般に関する議論と展示の場）
KOFAC: Korea Foundation for the Advancement of Science and Creativity（韓国科学創意財団）
CAST: China Association for Science and Technology（中国科学技術協会）
ISSC: International Social Science Council（国際社会科学協議会）
IUPAP: International Union of Pure and Applied Physics（国際純粋・応用物理学連合）
IUPAC: International Union of Pure and Applied Chemistry（国際純正・応用化学連合）
IAU: International Astronomical Union（国際天文学連合）
RS: Royal Society（英国王立協会）
SCJ: Science Council of Japan（日本学術会議）

関連する世界の組織とネットワークの拡大

　科学的助言に関わる国際的な取組みは、実際に勢いを増しつつある。ICSU
や、IAP、OECD の GSF 等は、自ら科学的助言を行うだけでなく、科学的助言
のプロセスを改善するための一般的な検討にも取り組んでいる。こうした活動
は、2013 年 10 月に新設された国連事務総長科学諮問委員会、2014 年 8 月に開
催された初めての各国の主席科学顧問の世界会合、2015 年 10 月の OECD の閣
僚会議にみられるように、世界の政策立案者に影響を及ぼし始めている。また、
2015 年 9 月に国連総会で決議された「持続可能な開発目標（SDGs）」の実現に
向けて、科学技術がどう貢献するかについて、2016 年春から本格的議論が始
まっている。持続可能な開発に向けて「科学 – 政策間のインターフェースの強
化」が重要であることは、2015 年 6 月に国連が公表した「グローバルな持続
可能な開発に関する報告書」でも明確に打ち出されている[14]。

14）United Nations, "Global Sustainable Development Report," 2015.

政策立案における科学の役割は、今後も着実に拡大すると予想される。各国、そして国際社会は、科学技術が社会・経済・政治と相互作用するような数多くの問題にますます直面するだろう。一方でこうした問題への取組みに費すことができる個々の国の財政的・人的資源は限られている。したがって、未来世界の確固たる基盤として科学技術が確かに貢献できるよう、すべての利害関係者は、課題やニーズ、洞察を国際社会全体として共有し、対話や調整に取り組むべきであると考える[15]。

---

15) Tateo Arimoto and Yasushi Sato, "Rebuilding Public Trust in Science for Policy Making," *Science* 337 (September 7, 2012), pp. 1176-1177.

第Ⅱ部

科学的助言の事例

第Ⅰ部では科学的助言の一般的な概念や最近の内外の動向について解説してきたが、第Ⅱ部ではわが国における個別政策分野の科学的助言の実例をみていくこととしたい。各政策分野の科学的助言の仕組みはそれぞれ歴史的に形作られてきており、現在直面している問題状況も異なる。そのような多様な状況を通観することで、科学的助言の全体像をよりバランスよく捉えることができるだろう。

　序章で述べたように、科学的助言には Policy for Science の助言と Science for Policy の助言がある。前者は第 8 章で、後者については第 4 章から第 7 章で取り扱う。第Ⅰ部第 1 章では、科学的助言にはリスク評価としての側面とベネフィット評価という側面があることを指摘したが、第 4 章から第 7 章で焦点を当てる食品安全、医薬品審査、地震予知、地球温暖化の各政策分野はいずれもリスク評価としての側面が比較的大きい分野である。これらの分野にはそれぞれ中核的なリスク評価機関が存在するが、第 1 章で触れたようにそれらのリスク評価機関が政策オプションの作成やリスク管理にどこまで実質的に踏み込んでいるかは異なる。

　例えば第 4 章で取り上げる食品安全分野では、リスク評価機関として 2003 年に発足した食品安全委員会が、リスク管理の領域に踏み込むことを控える方針をとってきた。食品安全委員会は、食品分野で国際的にリスク評価とリスク管理の機能分離を進める流れが強まるなかで設立された組織であり、その当初の趣旨が徹底されているのである。一方で、そのためにリスク管理機関とのコミュニケーションが不足し、すれ違いや不信が生じた事例もこれまでにみられる。リスク評価とリスク管理の分離、すなわち科学的助言者の独立性を追求するだけでは、科学的助言が有効な形で機能できないこともあるのである。

　一方第 5 章で扱う医薬品審査分野では、2004 年設立の医薬品医療機器総合機構（PMDA）が独立の立場から科学的なリスク評価を行うことを理念的には期待されていたが、実際には PMDA はリスク管理機関である厚生労働省からさまざまな形で影響を受けている。このため、PMDA の活動は実質的に政治

的・行政的観点をも含めたリスク管理にまで踏み込んでいる。医薬品分野は産業規模も大きく、各セクターが密接に関わりあう関係が指摘されるなかで利益相反の問題がたびたび起きてきた分野でもあり、エビデンスの中立性・信頼性の確保に向けた制度の設計と運用に注意深い配慮が求められるところである。

　第6章で焦点を当てる地震予知分野は、科学的知見の不確実性がきわめて大きいという点で固有の困難を抱える分野である。ところが地震予知の実現への国民の期待は非常に高い。そのため、これまで地震予知分野のリスク評価の体制は政治・行政が主導する形で設定され、その過程では地震予知がもつ不確実性が十分に直視されてこなかった経緯もある。しかし1995年の阪神・淡路大震災と2011年の東日本大震災を経て、地震予知の不確実性が否定しえないものとなり、わが国の地震対策の体制もより現実的なものになりつつあるように思われる。

　第7章で取り扱う気候変動分野も科学的知見の不確実性がかなり大きいが、それに加えてリスク評価およびリスク管理の双方において多国間の合意を必要とするという高いハードルがある。気候変動に関する政府間パネル（IPCC）のリスク評価機関としての評価は高く、この問題に取り組む各国の意思も強い。しかし二酸化炭素排出量の削減というリスク管理措置は、各国の経済活動ひいては国力そのものに影響するため、国際協調による実施がきわめて難しい。このため、科学的エビデンスに基づいているとはいえない国際的合意が政治的になされてきたとの見方もあるが、2015年に合意された新しい枠組みであるパリ協定が今後どのように発展していくかが注目される。

　さて、第3章から第7章の事例では、程度の差こそあれ科学的助言に基づいた政策形成が進められてきたが、第8章で議論する科学技術政策、すなわちPolicy for Science の助言については、そもそも最近まで科学技術への投資により経済社会にどのような影響があるかを分析するための科学的方法が未成熟だった。そのためこの分野では、1990年代までは基本的に専門家の意見と内外からの情報収集を基に政策形成がなされていた。だが2000年代以降、次第

に膨大なデータを基にした分析が行われるようになり、科学的知見の体系的構築が進んできている。今後その成果がどの程度有効に政策に反映されていくかが注目される。

　各国の科学的助言システムが、それぞれの政治・行政体制や歴史的・文化的背景を反映して異なっていることは第Ⅰ部第3章で述べたが、同じ国のなかであっても各政策分野はそれぞれ固有の特性と環境条件をもち、それが科学的助言の仕組みや体制に歴史的に反映されてきたことは、第Ⅱ部の事例が示すところである。しかし各分野が今後もそれぞれ独立に科学的助言システムの構築を進めていくのがよいというわけではない。なぜなら、各分野の事例を比較検討することを通して、リスク評価とリスク管理をどの程度分離するのがよいのか、科学の不確実性をどう取り扱えばよいのか、国際的連携をどのように進めていくべきか、といった重要な課題について共通の示唆が得られると考えられるからである。そのような検討の蓄積が、全体として各国の、そしてグローバルな科学的助言システムの進化とネットワーク化にもつながっていくことが期待される。

第4章　食品安全
——リスク評価の独立性をめぐる課題

　わが国では以前より食中毒や食品添加物、残留農薬、遺伝子組み換え食品などによる健康への影響に国民の関心が集まり、政府はそれらの問題に随時対応しつつ食品安全対策の充実を図ってきた。しかし、2001年に国内初のBSE（牛海綿状脳症）の症例が発覚したことを契機に、食の安全確保のための体制は刷新された。食品衛生法を基軸に食中毒等防止のための取り締まりなどを行う従来の「食品衛生」行政から、食品安全基本法に基づいて食品の安全確保を通じて国民の健康保護を図る「食品安全」行政へとシフトしたのである。これまで一体的に実施されてきたリスク評価とリスク管理が分離されて、リスク評価については新設された食品安全委員会が科学的な観点から実施することとされ、その独立性が確保された（Box 4.1を参照）。

Box 4.1　食品安全委員会（2003年7月設置）がこれまでに行ったリスク評価の例

2004年　9月　日本における牛海綿状脳症（BSE）対策中間とりまとめ

2008年　3月　メタミドホス（中国産冷凍ギョウザ問題の原因物質）

2010年　6月　食品による窒息事故に係る食品健康影響評価（こんにゃく入りゼリー等）

2010年　8月　生食用食肉（牛肉）における腸管出血性大腸菌及びサルモネラ属菌

2011年10月　食品中の放射性物質（東京電力福島第一原子力発電所事故後の対応）

2014年　3月　食品に含まれるトランス脂肪酸

　本章では、この新たな食品安全行政体制の下で発生した、2004年のBSE全頭検査の見直しをめぐる事案と、2011年の東京電力福島第一原子力発電所事故後の放射性物質を含む食品への対応に関する事案の二つについて、その議論の過程を追う。これらの事案は、関連する食品の不買行動等の社会問題を引き起こし、政府の対応をめぐって国民の大きな関心を集めた。そのような社会的関心の強い事案への対応にあたって、食品安全委員会は自らの役割を科学的な

リスク評価に限りこれを堅持したが、そのようなリスク評価とリスク管理の分離は有効に働いたのだろうか。この問いを中心に、各事案について関係者・関係機関の間でなされた議論を分析していくこととしたい。

1　食品分野の行政組織

従来の一体的な体制

　2003 年に食品安全基本法が制定されるまで、わが国の食品安全をめぐる取組みは、公衆衛生の向上および増進に寄与することを目的とした食品衛生法（1947 年制定）に基づき、公衆衛生の見地から実施されており、リスク分析の枠組みに即した食品安全行政は行われていなかった。すなわち、同法を所管する厚生労働省と食料の安定供給に取り組む農林水産省が、食品中に含まれる可能性のある物質の人への健康影響について科学的な評価（リスク評価）を実施するとともに、それを基に食品の安全性確保のための規格や基準の設定・管理（リスク管理）をも担ってきた[1]。

　同一組織内でリスク評価とリスク管理を実施するこのような体制の下、政府は食品をめぐる事件が起こるとその都度対応してきた。特に注目を集めた事件としては、砒素化合物を添加剤として使用した森永砒素ミルク事件（1955 年）や、有害物質ダイオキシンの混入によるカネミ油症事件（1968 年）、1990 年代に度々発生した O157 食中毒事件、ブドウ球菌の毒素産生による雪印乳業の食中毒事件（2000 年）などを挙げることができる。

　これらの事案に際して、政府は食品衛生法の改正、食品添加物の規制強化、事業者の法的責任の明確化や衛生管理措置の導入強化などの方策を講じてきた[2]。さらに、製造物責任法（1994 年）の制定により製造業者の賠償責任を重くした。こうして第二次世界大戦後のわが国では、食品に関する数々の事件への対応を通じて食品安全行政の体制整備が進んできたが、リスク評価とリスク管理のあり方については踏み込んだ議論は行われなかった。

---

　1)　食品安全委員会「食品の安全性に関する用語集（第 5 版）」、2015 年 4 月。
　2)　梶川千賀子『食品安全問題と法律・制度』、農林統計出版、2012 年。天野英二郎「中小食品製造事業者の HACCP 導入に向けた新たな支援」、『立法と調査』第 339 号、2013 年 4 月。

78　　第Ⅱ部　科学的助言の事例

BSE 問題の発生[3]

ところが、2001 年 9 月に国内で初めて BSE 発生が確認されたことを契機として、抜本的な食品安全行政の体制改革が行われる[4]。BSE 発生公表後、国内では政府の対応が緩慢であったのではないかという激しい批判が沸き起こった。また、牛肉産業、とりわけ畜産業界も大きなダメージを受けた。そこで 2001年 11 月、BSE 問題への行政対応の検証および今後の畜産・食品衛生行政のあり方の検討のため、坂口 力 厚生労働大臣と武部勤農林水産大臣の私的諮問機関として「BSE 問題に関する調査検討委員会」が設置された。翌年 4 月、同委員会は調査結果を取りまとめ、報告書を公表している[5]。

報告書は、生産者優先・消費者軽視の行政、中央官庁の縦割り行政、専門家の意見を適切に反映しない行政対応などの問題点を挙げたうえで、リスク評価機関を産業振興の役割を担う組織から分離・独立させ、新しい法律の制定と行政組織の再編を行う必要性を強調した。わが国の食品行政体制の刷新にも踏み込んだこの報告書は、その後の食品安全行政の体制改革の基盤となった。

なお、全 11 回にわたる同委員会の会議は、すべて公開で行われ、その会議資料と議事録もすべて公表されている。報告書の作成も事務局ではなく委員主導で行われた。こうした審議プロセスの透明性が図られたことは、従来の閉鎖的な審議会のあり方からみれば画期的であったといえる[6]。

食品安全基本法の制定と食品安全委員会の設置

その後 2002 年 4 月に「食品安全行政に関する関係閣僚会議」が開催され、新たな行政組織の具体案が議論された。同会議は 6 月、「今後の食品安全行政のあり方」を公表し、その方針に基づき 2003 年 5 月に食品安全基本法の制定、7 月に食品安全委員会の設置、加えて食品衛生法を含む関連法律の改正などが実現する。

食品安全基本法は、その基本理念として、科学的知見に基づき安全性確保に

---

3) 唐木英明「安全の費用」、『安全医学』第 1 巻第 1 号、2004 年。
4) 梶川千賀子『食品安全問題と法律・制度』。
5) BSE 問題に関する調査検討委員会「BSE 問題に関する調査検討委員会報告」、2002 年 4 月 2 日。
6) 神里達博「新しい食品安全行政—食品安全委員会（仮称）」、『ジュリスト』第 1245 号、2003 年。

必要な措置を実施することとし、リスク分析の枠組みを導入している（Box 4.2 を参照）。そのうえで、リスク評価は「その時点において到達されている水準の科学的知見に基づいて、客観的かつ中立公正に行われなければならない」と明記している。この法律の制定にともなって改正された食品衛生法においても国民の健康保護という趣旨が明確化された。

Box 4.2　リスク分析（「食品の安全性に関する用語集」第5版、食品安全委員会により作成）

リスク分析は、食品中に含まれるハザードを摂取することによってヒトの健康に悪影響を及ぼす可能性がある場合に、その発生を防止しまたはそのリスクを低減するための考え方であり、以下の3要素で構成される。

① 食品中のハザードによる健康への悪影響が生じる確率とその程度を科学的に評価する「リスク評価」

② 科学的知見・評価を踏まえて、リスク低減のための措置を検討し、必要に応じて実施する「リスク管理」

③ リスク分析の全過程において、消費者など関係者間で情報・意見を交換する「リスクコミュニケーション」

そして、食品安全委員会の新設と、それに伴う食品安全の行政組織の再編が行われた結果、食品分野のリスク評価業務は厚生労働省および農林水産省から切り離されて、内閣府に設置された食品安全委員会が担うこととなった。同委員会では、ステークホルダーの意見や社会、経済、政治などの影響を受けることなく、科学的な知見に基づいて客観的かつ公正にリスク評価を実施する体制となった（図4.1）。一方、リスク管理業務は厚生労働省や農林水産省に残ったが、食品安全委員会はその中核業務であるリスク評価の実施に加え、リスク管理機関に対して必要に応じて勧告を行うことができることとされた。ただし食品安全委員会はいわゆる8条委員会であり、国家行政組織法第3条に規定される運輸安全委員会や原子力規制委員会等の組織とは異なり、その権限は限定的である（第2章 Box 2.3 を参照）。

現在、食品安全委員会は7人の委員から構成され、その下に12の専門調査会が置かれており、それらの調査会で実質的な議論が行われている。事務局は、

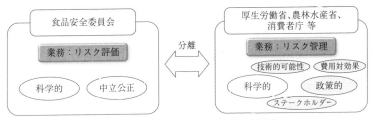

図 4.1　リスク評価とリスク管理の分離[7]

主に厚生労働省や農林水産省などの関連機関からの出向者により構成される[8]。

　一方、リスク管理に関する審議は、厚生労働省や農林水産省等のリスク管理機関に置かれている審議会、すなわち厚生労働省薬事・食品衛生審議会などで行われている。そのような審議会では、科学的なリスク評価のほか社会情勢、ステークホルダーの意見、費用対効果、技術的な実行可能性（例えば、微量元素の測定限界）などを踏まえた審議が行われている（図4.2）。

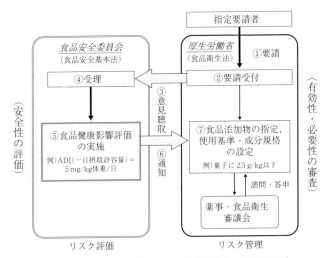

図 4.2　食品安全委員会とリスク管理機関との役割分担[9]
（指定要請を受けて食品衛生法に基づき食品添加物を指定する場合）

---

7) 食品安全委員会「食品の安全性に関する用語集（第5版）」2015年4月、5頁から改変。
8) 平川秀幸・城山英明・神里達博・中島貴子・藤田由紀子「日本の食品安全行政改革と食品安全委員会―残された問題／新たな課題」、『科学』第75巻第2号、2005年1月、93-97頁。
9) 食品安全委員会HPを参考に作成。

リスク評価とリスク管理が分離されたこの新たな組織体制への期待は高い。しかし、食品安全委員会事務局の職員にリスク管理機関からの出向者が多いこと、この事務局が同委員会の委員の人選を行い、委員のメンバーに消費者代表が入っていないこと、そもそも専門委員会の委員の母体となるべき専門家の層が薄いこと、さらにはそうした数少ない専門家がリスク評価とリスク管理の双方に関与するケースも多いことなどの問題を指摘する声もあり、これらは今後の課題であるといえよう[10]。

国際的動向

　上記のわが国の食品安全行政の再編は、国際的な動向を踏まえつつ行われた経緯がある。1995 年、食品分野の国際的なリスク管理機関であるコーデックス委員会（FAO/WHO 合同食品規格委員会）は、食品規格・基準、指針その他の勧告に関する原則を示した[11]。そのなかでは、規格・基準が、すべての関連情報のレビューを含む堅固な科学的アナリシスおよびエビデンスの原則に基づかなければならないとされている。その後、同委員会は科学的データに基づくリスク低減のための意思決定の枠組みであるリスク分析（リスクアナリシス）の作業原則（2007 年）[12] を示し、同委員会に加盟する国が食品の安全性に関わる国内法を制定・改廃する際にはその原則を採用することを勧告した。リスク分析は「リスク評価」、「リスク管理」、「リスクコミュニケーション」の三つの構成要素から成ることについてはすでに述べたが（Box 4.2 を参照）、それらのより詳細な構造を示したものが図 4.3 である。この図では、リスク分析が「リスクマネジメントの初期作業」から始まり、リスクアセスメント（リスク評価）を受けてリスク管理の各段階が進展することが示されている。また、下線が引かれた項目については特にリスクコミュニケーションが必要であるとされる[13]。

---

10) 新山陽子・工藤春代「リスクアナリシスと食品安全行政―日本と欧・米・豪」、新山陽子編著『食品安全システムの実践理論』、昭和堂、2004 年。秋吉祐子・増子隆子「食の安全における政策的取組に関する一考察―日本、アメリカ、EU、中国の事例において」、『MACRO REVIEW』第 22 巻第 1 号、2009 年、3-11 頁。平川秀幸他「日本の食品安全行政改革と食品安全委員会」。

11) WHO/FAO, "Application of Risk Analysis to Food Standards Issues: Report of the Joint FAO/WHO Expert Consultation," March 1995.

12) CAC, *Working Principles for Risk Analysis for Food Safety for Application by Governments*, Rome, 2007. FAO/WHO, *Food Safety Risk Analysis: A Guide for National Food Safety Authorities*, Rome, 2006 も参照。

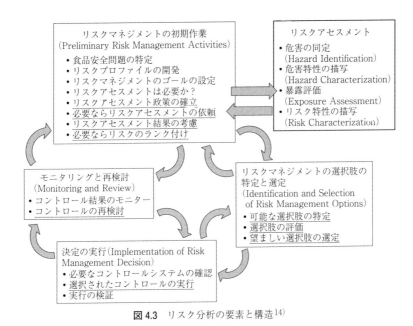

図 4.3 リスク分析の要素と構造[14]

　こうした国際機関の動きを参考に、日本に先立って欧州諸国等でも食品安全行政の再編が行われている。例えば、EU、ドイツ、フランスでは、リスク評価を実施する独立した機関としてそれぞれ欧州食品安全機関（EFSA）、連邦リスク評価研究所（BfR）、フランス食品衛生安全庁（AFSSA）が設置された[15]。

　一方、米国では 2003 年に BSE 牛が発見されたが、それを契機とした行政体制の大きな変更はなかった。米国では、単にリスク評価機関を独立させることによっては公正なリスク管理が行えないとする考え方が根強く、リスク評価とリスク管理を組織的に分離するのではなく、それらを実際の作業プロセスにおいて分離するのが効果的であるとされている[16]。

---

13) 新山陽子「食品安全のためのリスクの概念とリスク低減の枠組み—リスクアナリシスと行政・科学の役割」、『農業経済研究』第 84 巻第 2 号、2012 年、62-79 頁。
14) FAO/WHO, *Food Safety Risk Analysis: A Guide for National Food Safety Authorities*, Rome, 2006. 新山陽子「食品安全のためのリスクの概念とリスク低減の枠組み」、62-79 頁。
15) 衆議院調査局農林水産調査室「日本と欧米の食品安全行政の現状と課題—食の安全に関するリスク分析手法の導入を切り口に」、2009 年 1 月。
16) ロバート・L・ブキャナン／シェリ・デニス「FDA/CFSAN のリスク評価—リスク評価リソースの活用について」、食品安全委員会主催意見交換会「食品に関するリスクコミュニケーション—米国における微生物のリスク評価」、2007 年 3 月 7 日。

2　BSE 検査

　わが国で BSE 国内発生を契機として新たな食品安全行政の体制が 2003 年に
スタートした後、ほどなくその科学的助言システムの有効性が試される事案が
発生した。BSE の全頭検査の見直しをめぐり、リスク管理を実施する厚生労
働省や農林水産省と食品安全委員会との間で激しい議論が展開されたのである。
その議論の過程は、新体制をめぐる課題を浮かびあがらせることとなった。

全頭検査の実施

　わが国では、2001 年 9 月に BSE の国内発生が判明後、直ちに政府は BSE の
リスク管理の実施について検討を始めた。厚生労働省は当初、月齢 30 ヶ月以
上の牛の検査を検討していた。これは、若い BSE 感染牛のプリオン量は少な
く、年齢とともにその量が特定の部位（これらの部位が特定危険部位に指定されて
いる）で増加・蓄積するため、若い牛ではプリオンが検出不可能とされていた
ためである。しかし、この科学的根拠を踏まえた BSE 対策の方針に対して、
政治の側からは、風評被害を防ぎ国民の安心を得ることは難しいといった意見
が寄せられた[17]。結局、政治的判断により、全月齢の牛を検査する全頭検査を
2001 年 10 月から全国一斉に開始することが決まる。この全頭検査は十分な科
学的根拠を踏まえたリスク管理措置であったとはいえないが、BSE に関するさ
まざまな情報があるなかで、当時の BSE 騒動を抑え、国民の不安を解消する
には一定の効果があったといえる。

全頭検査の見直しをめぐる議論

　その後 2003 年に設立された食品安全委員会が、2004 年 2 月から BSE 問題
全般に関して調査審議を行うこととなった。これは、食品安全委員会の「自ら
評価」を行う権限に基づく調査審議（リスク管理機関からの諮問ではなく、食品安
全委員会自らの判断で行う食品健康影響評価）であった。その結果は 2004 年 9 月
に「中間とりまとめ」として公表されるが、その最終審議の場で食品安全委員
会の役割をめぐる興味深い議論がなされている。

---

17)　第 153 回国会衆議院予算委員会会議録、2001 年 10 月 4 日。

84　　第Ⅱ部　科学的助言の事例

最終審議のときに事務局により用意された「中間とりまとめ」案の本文と結論部分には、これまでの検査実績に鑑みれば「20 ヶ月齢以下の感染牛を現在の検出感度の検査法によって発見することは困難であると考えられる」との記述がなされていた。ところが審議のなかで委員より、同委員会のスタンスとしては BSE の検出限界を示しリスク管理のあり方に示唆を与えるような書きぶりとするのでなく、あくまで「現時点までの科学リスクを科学的に評価したらこうであったということを記載するべき」といった趣旨の意見が出された。その結果、結論部分は「20 ヶ月齢以下の BSE 感染牛を確認することができなかったことは、今後のわが国の BSE 対策を検討する上で十分考慮に入れるべき事実である」と修正される[18]。つまり、「中間とりまとめ」の結論部分では、20 ヶ月齢以下の BSE 感染牛が確認されなかったという事実のみが記述され、そこから推測される 20 ヶ月齢という検出限界には直接的には触れられないことになった。しかし、結論部分の記述は修正されていた一方で、実は本文中の同様の記述が修正されないまま残っていた。

　結果的に微妙な書きぶりとなったこの中間とりまとめを根拠に、約 1 か月後の 10 月 15 日、厚生労働省と農林水産省は「20 ヶ月齢以下」の牛については検査を行わないことを含む国内措置の見直しについて、食品安全委員会に諮問する。この諮問に関わる二つの点が、食品安全委員会の審議の場で議論を呼ぶこととなった。

　一つは、諮問の根拠となった中間とりまとめの文言に委員の意図が正確に反映されていなかったことである。検出限界を明記しないよう委員の発言があったにもかかわらず、リスク管理措置の変更の必要性を念頭に置いていた事務局は、中間報告書とりまとめの慌しいスケジュールのなかで、結論部分は修正したが本文中には「20 ヶ月齢が検出限界」である旨の記述を意図的に残したのではないかという疑いがもち出された。食品安全委員会プリオン専門調査会の会合では、委員が座長および事務局の対応をただす激しいやり取りさえなされている[19]。また、第 162 回国会衆議院農林水産委員会（2005 年 5 月開催）の審議の場で、同専門調査会の委員の一人は、「月齢見直しの諮問の根拠になったこと

18）食品安全委員会第 14 回プリオン専門調査会（2004 年 9 月 6 日）資料および議事録。食品安全委員会「日本における牛海綿状脳症（BSE）対策について 中間とりまとめ」、2004 年 9 月。
19）食品安全委員会プリオン専門調査会第 15 回会合議事録、2004 年 10 月 26 日。

第 4 章　食品安全　　85

は大変残念に思う」、「納得がいかないまま月齢見直しの審議を行わざるを得なかったことも残念です」と述べている[20]。リスク評価者たる食品安全委員会とリスク管理者たる行政の間でコミュニケーションのすれ違いが起きたのである。

諮問に関してもう一つ議論を呼んだのは、諮問の真の目的が委員に示されなかったのではないかという点である。当初、食品安全委員会の場では厚生労働省と農林水産省は当該諮問は国内対策に関するものであると説明しており、その趣旨を明確にしていなかった。しかし、ちょうどその頃政府内ではアメリカ産牛肉の輸入再開をめぐる議論が行われており[21]、この諮問の数日後、日米局長協議において米国産牛肉の輸入条件の一つとして輸入を 20 ヶ月齢以下の牛に限ることが合意されている。このことを考慮すれば、上記諮問の目的は米国牛肉輸入再開に向けて行われたものであったとみるのが自然であるといえる。

その後の経緯に少し触れるならば、食品安全委員会はこの諮問に対し、日本の現状を考えると月齢 20 ヶ月齢以下の牛の検査を中止しても増加するリスクは非常に低いという評価を行った[22]。この評価結果を受けて厚生労働省は輸入される米国産牛肉の安全性に関する諮問を食品安全委員会に行い、その答申をもって米国産牛肉の輸入を再開する。

この全頭検査の諮問をめぐる騒動は、リスク評価側とリスク管理側との間のコミュニケーションがうまくいかないと、科学的根拠に基づかないリスク管理が導かれる可能性があることを示しているといえる。食品安全委員会は科学的見地から意見を述べることを求められているリスク評価機関であるが、行政側が諮問の真意をリスク評価機関に正確に伝えないと両者の間に不信感が生まれ、科学的助言の機能を損ないかねないのである[23]。

3　放射性物質を含む食品のリスク管理

食品安全委員会はその後もさまざまな食品のリスク評価を行ったが、同委員会にまったく新しくかつ重大な問題を突きつけたのが東日本大震災後の放射性

20）第 162 回国会衆議院農林水産委員会会議録、2005 年 5 月 20 日。
21）神里達博「BSE/牛海綿状脳症」、藤垣裕子編『科学技術社会論の技法』、東京大学出版会、2005年、101-131 頁。
22）山内一也「BSE 対策をめぐる最近の問題」、『予防時報』第 226 号、2006 年、14-19 頁。
23）平川秀幸「リスクガバナンス」、城山英明編『科学技術ガバナンス』、東信堂、2007 年、75-101 頁。

86　　第Ⅱ部　科学的助言の事例

物質を含む食品安全に関わる課題である。このときも食品安全委員会はあくまで科学的事実に基づくリスク評価に徹した。

リスク評価に基づかない暫定規制値の緊急設定

2011 年 3 月 11 日、東日本大震災が発生し、東京電力福島第一原子力発電所事故が引き起こされた後、放射性物質が大気中に放出されたことが数日中に明らかになった。その放射性物質によって汚染された農作物が市場に流通する可能性があったため、政府は食品に含まれる放射性物質のリスク管理の体制を早急に整えなければならなかった。震災発生から 4 日後の 3 月 15 日に開かれた原子力災害対策本部（原子力災害対策特別措置法に基づき 3 月 11 日に設置）では、食料の確保と安全性のバランスが最大の論点になった。さらにこの頃、放射性物質を含む食品の安全性に関する何らかの基準を決めて欲しいとの発言が農林水産副大臣からなされている。この発言にあたっては、国民の健康影響への懸念とともに風評被害による農産物の取引への影響も考慮されたと考えられる[24]。

事故発生時、日本では食品中に含まれる放射性物質を規制する基準が食品衛生法上に存在していなかった。関連する基準として、チェルノブイリ原発事故（1986 年）を受けた輸入食品中の放射性物質を規制する暫定限度が決められていたが、その基準値は輸入食品を対象としたもので、国内の農産物に対応するものではなかった[25]。

厚生労働省は、関係機関と連携しつつ食品中の放射性物質の規制に向け急遽動いた。基準値設定にあたっては、原子力安全委員会が示す「飲食物摂取制限に関する指標」が参考にされた。この指標は、国際放射線防護委員会（ICRP）による勧告に基づき、事故の際に対策を取るべき放射線レベルについての目安を示したものである。厚生労働省では、基準設定後のリスク管理を巡る体制や実現可能性、食料供給への影響、運用をめぐる混乱の可能性、関係省庁との関係、公表のあり方などについても議論が行われた。

地震発生から 6 日後の 3 月 17 日、厚生労働省は食品中の放射性物質に関する暫定規制値の取扱いについて各都道府県等に通知し、その内容を発表した。

---

24) 大塚耕平『3.11 大震災と厚労省—放射性物質の影響と暫定規制』、丸善出版、2012 年。
25) 原子力安全委員会原子力発電所等周辺防災対策専門部会環境ワーキンググループ「飲食物摂取制限に関する指標について」、1998 年。

なお、緊急を要する場合、食品安全委員会の健康影響評価を受けずに食品に関する基準を設定することが可能であることは、食品衛生法で定められている。この時点での基準設定に関する対応は、この法律に則って進められた[26]。

難航したリスク評価

こうしたリスク評価に基づかない暫定規制値の設定という状況を至急解消するため、厚生労働省は3月20日、食品安全委員会に食品健康影響評価（リスク評価）を依頼した。3月29日、同委員会は「放射性物質に関する緊急とりまとめ」を公表する。

しかしそれは、放射性物質の健康影響に対する国民の不安があるなかで、その時点で入手できる文献やデータをもとに専門家による審議を行い、わずか9日間でとりまとめたものだった。ICRPによる勧告が主な参考データとして用いられたが、きわめて限られた情報に基づいた検討とならざるを得なかった。しかしまずはこれを踏まえ、4月4日に設置された厚生労働省薬事・食品衛生審議会の食品衛生分科会放射性物質対策部会では、暫定規制値の維持が決定された。

その後、食品安全委員会は平常時における健康影響評価を行うことを目的に、「放射性物質の食品健康影響評価に関するワーキンググループ」を設置する。同ワーキンググループは4月21日から7月26日までの約3か月間に9回開催され、食品中の放射性物質の影響に関する審議の結果をとりまとめた。

放射性物質の健康影響評価を考えるうえでは、食品安全委員会が日ごろ実施するリスク評価のうち多数を占める農薬の健康影響評価が参考になる。農薬の健康影響評価では、農薬の登録者（通常は企業）がその農薬の品質や安全性に関するさまざまな試験成績を揃えることになっている。その試験成績には、動物実験のデータ（農薬の毒性や発がん性等のデータ）が含まれており、これらを基に食品安全委員会は、人への健康に影響がみられない量を推定し安全係数で割って、人が農薬を生涯にわたり毎日摂取し続けても影響が出ないと考えられる1日あたりの量（ADI）を設定する。この評価結果を受けてリスク管理機関が農薬の残留基準値や使用基準値を設定するが、ADIを設定できない場合は、基

---

26) 寺田宙・山口一郎「放射性物質による食品汚染の概要と課題」、『保健医療科学』第60巻第4号、2011年、300-305頁。

準値設定の根拠不十分のため、農薬登録は行われない。例えば、遺伝毒性を有する発がん性の農薬は、遺伝子の突然変異などから腫瘍を誘発する可能性があり、閾値がないと考えられていて、農薬として登録されない。

　しかしながら、放射性物質の人への健康影響については、農薬の健康影響評価と異なり、技術的な観点から動物実験による評価が難しく、疫学データを揃えることも容易でない。このため、リスク評価の方針を決めることは困難をきわめた（Box 4.3 を参照）。

　ワーキンググループでは、放射性物質の健康影響を専門とする人材確保が難しいなか、メンバーは評価書の作成に向け、まず関連論文等を調査することとした。だが文献の量は膨大で、必要な情報を選別するのが困難であり、いかに調査を進めるかをめぐって議論が交わされた。一つの調査方針としては、原子放射線の影響に関する国連科学委員会（UNSCEAR）や ICRP の報告書で取り上げられている文献やデータを調査することが考えられた。

　UNSCEAR は、1955 年に国連に設置された組織であり、純粋に科学的所見から放射線の身体的、遺伝的影響に関する情報を収集して報告書をまとめることで、ICRP の報告書作成の基礎資料を提供している。一方、ICRP は、専門家の立場から放射線防護に関する勧告を行う民間の国際学術組織であり、その勧告は世界各国が放射線被ばくの安全基準を作成する際に尊重されている。先述したわが国の原子力安全委員会の防災指針でも、ICRP の勧告に準拠しつつ「飲食物摂取制限に関する指標」が導入されている。食品安全委員会が公表した「放射性物質に関する緊急とりまとめ」も同委員会の勧告を参考にまとめられたものであった。

　しかしながら、UNSCEAR は、その報告書への評価は高いものの、そのメンバーは科学者を中心としてはいるが国連のなかでも原子力推進国家の代表から構成されていることなどが指摘されている[27]。また、ICRP はリスク管理機関であり、政治、経済など社会的情勢を考慮し総括的な勧告をしている点について注意する必要があるのではないかという声もあった。そこでワーキンググループではこれら国際機関の報告書が取り上げたデータ以外の情報の収集を試みることにした。そのような情報が存在するのかどうかもわからなかったが、

27）中川保雄『増補 放射線被曝の歴史』、明石書店、2011 年。

Box 4.3　放射性物質の健康影響

　放射性物質による健康影響については、その影響の現れ方から二つに分けられている。一つは短時間で大量の放射線を浴びた場合に現れる症状で、確定的影響と呼ばれる。この場合、DNAが損傷し細胞機能等が失われて細胞死に至り、健康影響が身体に現れる。この健康影響が現れ始める線量は明らかになっており、この線量は閾値と呼ばれ、それ以下ではこうした健康影響が出る可能性はないことが明らかになっている。

　もう一つの放射線による人体への影響は、少量の放射線を浴びた場合のものであり、確率的影響と呼ばれている。この場合、DNAが元々有している修復機能が働き、放射線により損傷した部分のDNAが修復されて元に戻る。ところが、この修復が不完全に行われる場合があり、この不完全に修復されたDNAががんや白血病などの悪性腫瘍や遺伝病などの発生要因となり、健康影響として現れる

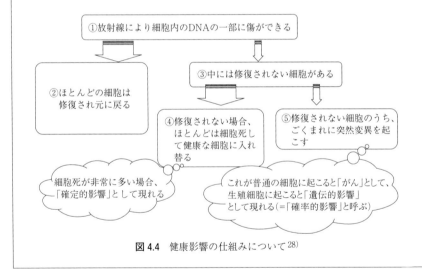

図 4.4　健康影響の仕組みについて[28]

まずは幅広く丹念な文献調査をすることを基本的な方針としたのである[29]。こうして、各委員と事務局の膨大な時間と労力をかけた調査が始まった。しかし、調査により得られたのは、放射性物質の健康影響の科学的情報の限界並

---

28) 食品安全委員会「放射性物質を含む食品による健康影響に関するQ&A」、13頁を引用。https://www.fsc.go.jp/sonota/emerg/radio_hyoka_qa.pdf
29) 第2回放射性物質の食品健康影響評価に関するワーキンググループ、2011年4月。

（図 4.4）。このように、少量の放射線量による健康影響はがんなどの症状として現れることはわかっているが、おおむね 100 〜 200 mSv 以下の線量（以後、低線量と呼ぶ）では、浴びた放射線の量と放射線の身体への影響に関するデータは必ずしも十分に揃っておらず、現在、その因果関係については証明されていない。

低線量の放射線を浴びた場合における健康影響については十分なデータがないこと等により解明することは難しいが、現在、その健康影響に関するさまざまな仮説が示されている（図 4.5[30]）。一つは、ICRP や米国科学アカデミー（BEIR）などが提唱する「直線閾値なし仮説（LNT 仮説）」（①）である。100 mSv 以下であっても放射線量の増加に比例してがんの発生率が上昇すると仮定する考え方であり、閾値は存在しない。一方、フランス科学・医学アカデミーは、がんにはリスクがゼロとなる安全な線量があるという「閾値有り仮説」を提唱している（②）。さらに、放射線誘発白血病等の急性被ばくのデータから、よりリスクは低いとする考え方などもある（③）。これらは、科学的な根拠に基づいているが、参照とするデータや解釈の違いから、こうした多様な意見として現れている。

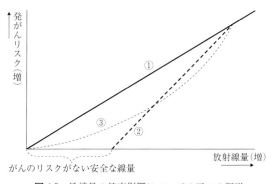

図 4.5 低線量の健康影響についての三つの仮説

に放射性物質の健康影響に関する多様な解釈の存在であった。UNSCEAR や ICRP が示した以上の情報を入手し、それを基に放射性物質の健康影響に関する評価書の作成に結びつけることは困難であることが明らかになった[31]。

---

30) 食品安全委員会「放射性物質を含む食品による健康影響に関する Q & A」、16 頁を一部修正。
31) 第 3 回放射性物質の食品健康影響評価に関するワーキンググループ、2011 年 5 月。

二つの方針

　限られた情報のなか、ワーキンググループでは放射性物質を含む食品のリスク評価について二つの基本的な検討方針が浮上した。一つは、リスク評価の結果がリスク管理に用いられることを踏まえて、リスク管理側の事情を考慮して科学的な不確実性が大きい低線量の領域も含め食品安全委員会としてリスク評価を行うというものである。もう一つの方針は、科学的に不確実性を有する低線量についてはリスク評価を行わず科学的事実のみを記載し、リスク管理機関に一任するというものである。

　前者の方針をとる場合、その方法の一つとしては、モデルを使って低線量領域への外挿により影響評価を行うというものがある。図4.5で示したように、さまざまな仮説に基づくモデルが存在するが、ICRPのような国際機関が示す仮説を採用することが考えられた。しかし、前述したようにICRPはリスク管理機関として社会情勢を踏まえた勧告を実施しており、そうした機関によるリスク評価を採用することが食品安全委員会のリスク評価において適切であるのかといった声も挙がった[32]。ワーキンググループでは疫学データの結果を重視してリスク評価を行ってはどうかという意見も述べられたが、疫学研究者からは、低線量の領域では偶然やバイアス等の要因の影響が大きくなり、必ずしも妥当ではないという指摘もあった[33]。

　そこでワーキンググループとしては結局後者の方針をとり、低線量の放射線の健康影響評価に関してはリスク評価を行わず、信頼できる疫学データのうち健康影響が出る可能性について最も厳しい評価を行っているものを示すことになった[34]。リスク評価は科学的な知見に基づいて客観的かつ公正に行う必要性があり、リスク管理側からの影響を受けてはならないという考え方のもとに、信頼性のあるデータを記述して現状を示し、安全側に立ってリスク評価を実施するという食品安全委員会の原則が堅持されたのである。2011年10月、同委員会は「食品中に含まれる放射性物質の食品健康影響評価」を取りまとめた。

---

32) 第3回放射性物質の食品健康影響評価に関するワーキンググループ、2011年5月。
33) 第7回放射性物質の食品健康影響評価に関するワーキンググループ、2011年7月。
34) 第8回、9回放射性物質の食品健康影響評価に関するワーキンググループ、2011年7月。

リスク管理機関での議論

食品安全委員会の報告書を受けて、厚生労働省薬事・食品衛生審議会食品衛生分科会放射性物質対策部会では基準値設定に関する検討が行われた。同審議会は、専門家だけでなく消費者団体等の代表をも構成員に含め、リスク管理措置の影響など社会的な合理性の観点を含め議論を行うものである。

審議会における議論では、食品安全委員会の報告書との整合性を図りつつ、安全側に立った基準値の設定が検討され、最終的な結論は2008年に厚生労働省薬事・食品衛生審議会の食品規格部会で定められていた「食品中の汚染物質に係る規格基準設定の基本的考え方」に基づいて出されることとなった。この文書では、コーデックス委員会で規格が定められている食品についてわが国で規格を設定する際にはコーデックス規格を採用することとされており、それが難しい場合には、合理的に達成可能である限りリスクを低くするという国際的な考え方（ALARPの原則、第1章図1.2を参照）などに従うことが明記されている[35]。そこでこの方針に基づき、暫定規制値よりも厳しい基準値へと変更された。この基準値は、食品安全委員会の報告書に対しても十分小さな値であり、矛盾しないものとなっている。

一方、その後行われた文部科学省放射性審議会での議論では基準値に関するさまざまな意見が出された。同審議会は、「放射線障害防止の技術的基準に関する法律」（1958年制定）に基づいて放射線障害防止に関する技術的基準を審議することとされている。

2012年2月に公表された放射線審議会の答申では、新基準値を策定することは差し支えないが、放射線防護の観点からみて、安易な安全サイドの新基準値は多くの弊害をもたらすという懸念が示された[36]。具体的には、新基準値に設定された「乳幼児食品」という分類は必須ではないことや、生産者を含めた透明性のある審議の必要性、そして管理に必要な測定機器の整備とそれを扱う人材の確保・育成などの体制整備の重要性などが指摘されている。ただし、同審

---

35) 「食品中の汚染物質に係る規格基準設定の基本的考え方」、2008年7月食品規格部会決定。

36) 放射線審議会「乳及び乳製品の成分規格等に関する省令（昭和26年厚生省令第52号）の一部を改正する省令及び食品、添加物等の規格基準（昭和34年厚生省告示第370号）の一部を改正する件について（答申）」。

第4章　食品安全　93

議会のミッションは放射線障害防止に関する技術的基準に関して答申することに限定されていたため、こうした指摘は放射線審議会の所掌事務の範囲を逸脱しているとする指摘もあった[37]。

　このような経緯を経て、厚生労働省は 2012 年 4 月 1 日、食品における放射性物質の新基準値を設定する。これまでみてきたように、この新基準値設定の背後には、いったん食品安全委員会でなされたリスク評価の結果が薬事・食品衛生審議会や放射線審議会といった多様なステークホルダーが参画する議論の場で実質的な検討にさらされたという経緯があった。食品中の放射性物質の規制という、非常に重大で社会的関心も高いテーマに関しては、科学的な情報を基に安全な基準値を設定することに加え、管理措置の実効性や社会的影響などの要因の考慮が特に重みをもっているといえるだろう。

4　まとめ——求められるコミュニケーションと相互理解

　本章では、BSE 牛の検査に関する事例および放射性物質を含む食品の規制の事例をもとに、2003 年に刷新されたわが国の食品安全行政体制のもとで生じてきた問題点についてみてきた。BSE のリスク管理をめぐっては、食品安全委員会と行政との間でコミュニケーションの不足がみられた結果、食品安全委員会側の真の意図が行政側に伝わらず、双方の間に不信が生まれるといった事態が起こった。科学的助言者と行政の双方がそれぞれの役割と責任に基づいて、互いの意図を理解しようとする文化の醸成が求められた事案であるといえよう。

　放射性物質の健康影響評価における食品安全委員会の審議では、低線量における健康影響という科学的に不確実性の高い領域のリスク評価を行うべきか行わないべきかという「リスク評価の方針」に関して議論が行われ、結果的には食品安全委員会の原則に沿った形で科学的事実のみを行政側に伝えることになった。しかし、こうしたスタンスについては、その後のリスク管理側の審議会において、科学的なリスク評価という観念にとらわれリスク管理の実施に向けて必要になる配慮が不十分ではないかといった指摘もあがった。

37）日本弁護士連合会「食品新規制値案とこれに対する放射線審議会の答申等についての会長声明」、2012 年 2 月。

2003 年に食品安全行政の体制が刷新され、リスク分析（リスク評価・リスク管理・リスクコミュニケーション）の考え方が導入されてから 10 年以上が経過した。この体制の確立およびその後の運用において、国際機関であるコーデックス委員会が出した組織と機能の分離の考え方や ALARP に基づく食品中の汚染物質に係る基本的な考え方の存在が大きな役割を果たしたことは確かである。しかし、本章の二つの事例でみてきたように、食品安全を最大限確保するうえでは現行のリスク評価とリスク管理の体制では必ずしも十分でないように思われる。リスク評価の独立性が確保された一方で、その原則にとらわれるあまりリスク管理側とのコミュニケーションが不十分になり、意図せざる政策的アクションがとられることとなったり、幅広い要因に関する考慮が欠けていると批判されたりする事態がみられた。端的にいえば、リスク評価とリスク管理の機能分離の過度な追求により、科学的助言の有効性と信頼性がむしろ損なわれている可能性もある。今後、科学的助言を最大限に活かす食品安全行政のシステム構築に向けて、リスク評価機関とリスク管理機関の関係に関する議論が深められ、対応が図られることを期待したい。

第5章　医薬品審査
——多様なステークホルダーの関与

　わが国で約10兆円の市場規模をもつ医薬品産業は、最先端の科学技術に立脚した、典型的な研究開発集約型の産業である。同時に、医薬品は国民の健康に直結するものであるため、その安全性・信頼性の確保に対する社会的要請はきわめて強い。すなわち、医薬品は科学技術と経済・社会とが最も深く、直接的な形で関わる分野の一つであるといえる。

　それだけに、医薬品を支える科学技術にほころびがあると、その影響はまことに甚大なものになる。わが国ではこれまで薬害エイズや薬害C型肝炎など、医薬品をめぐる大きな社会問題が繰り返し起きてきた。それらの反省を踏まえて医薬品の審査・管理のための制度や体制が整えられてきたわけであるが、この分野では未だ科学技術と社会・政策とをつなぐ仕組みが成熟しているとはいえない。その背景としては、医薬品分野においては非常に慎重なリスクとベネフィットの見きわめを必要とすること、企業戦略・国家戦略の観点からきわめて大きな重要性をもつこと、医師や患者という影響力の強いステークホルダーが存在することなどが挙げられる。

　最近、わが国で社会的注目を浴びた医薬品分野の事件として、ノバルティスファーマ社が販売する高血圧治療薬バルサルタンに関わる臨床試験においてなされた不正が挙げられる。2013年、同社の社員が、その身分を公表せずに国内の複数の大学での臨床研究に関与したうえ、その研究のデータに捏造、改ざんがあったとして、一連の論文が撤回された。バルサンタンはすでに2000年に国によって承認されていたが、その有効性を一層明らかにして販売を促進することを目指した大規模臨床研究のなかでの不正であった[1]。

　バルサンタンをめぐる疑惑は、わが国における医薬品に対する信頼性を大きく損なうことにつながった、深刻な利益相反のケースである。利益相反は、産

---

1) 厚生労働省高血圧症治療薬の臨床研究事案に関する検討委員会「高血圧症治療薬の臨床研究事案を踏まえた対応及び再発防止策について（報告書）」、2014年4月11日。

業界からの資金が科学研究の成果の中立性・公正性に影響を及ぼす、あるいは及ぼしているという疑義の目が向けられうる状況のことを指す。しかし、利益相反は産業界と科学者との関係においてのみ発生するわけではない。もう一つの利益相反のパターンとして、産業界からの資金が、政府による医薬品の審査・承認等の過程に参画する科学者が科学的助言を行う際の中立性・公正性に影響を及ぼす、あるいは及ぼしているという疑義の目が向けられるという種類のものがある。本章で議論するのは主にこの形の利益相反である。

　本章ではまず、わが国の医薬品審査体制がこれまで形成されてきた歴史的過程をたどったうえで、2000 年代に発生した利益相反の事例を通して、わが国の医薬品分野において政官業学が密接に関わりあう構造が残っていることを指摘する。利益相反は、科学的助言の有効性・信頼性を揺るがす重大な要因であり、わが国でも次第に利益相反の取扱いに関わるルールが整備されてきたものの、その適切な管理は依然として容易ではない。次に本章では、わが国の医薬品分野の科学的助言のもう一つの重要な課題として、この分野の科学的助言者と政府との間の関係が現状では必ずしも明確に整理されているとはいえない点について議論する。具体的には、2004 年に誕生した医薬品分野のリスク評価機関である医薬品医療機器総合機構（PMDA）と、リスク管理機関である厚生労働省のそれぞれについて、その役割領域を分析し、この分野のリスク評価とリスク管理との関係性の現状と課題について述べることとしたい。

1　科学的助言システムの成り立ち

薬害と医薬品審査体制構築の歴史

　わが国の医薬品審査に関わる制度・体制は、過去数十年にわたって変化を重ね、現在の形へと変容してきた。その歴史的な過程では薬害の大きな事案が何度か発生しており、その反省に立って制度・体制の改革が行われてきた経緯がある。

　第二次世界大戦後の 1948 年、新憲法の下で制定された旧薬事法は、医薬品の製造や販売を登録制としていた。1960 年には国民皆保険の開始に伴って新しい薬事法（2014 年の名称変更により現在は「医薬品、医療機器等の品質、有効性及び

安全性の確保等に関する法律」）が制定され、保険適用範囲等が明確にされるとともに、登録制から許可制へと移行し、現在の医薬品製造・販売規制の基礎が確立された。

　しかしながらちょうどその頃、睡眠薬として、あるいは妊婦のつわりの症状改善のために使用されたサリドマイドが胎児の先天異常等をもたらしたことが大きな社会問題となった。そのことをきっかけに、医薬品承認の厳格化の必要性が認識され、1967年には「医薬品の製造承認等の基本方針」が定められている。この指針は、医薬品の承認申請に必要な添付資料や、承認後少なくとも２年間（1971年に３年間に変更）副作用に関する情報の報告等について規定したものであった。

　その後も、1960年代後半に整腸剤キノホルムによる神経障害（スモン）が大量発生したことなどが1979年の薬事法改正につながった。この改正では、審査基準の強化、業者による副作用情報の収集と報告の義務づけのほか、最新の科学的知見をもって既存の医薬品の有効性・安全性を再検討する再評価制度の法制化等、制度の一層の厳格化が図られた[2]。

　わが国の医薬品審査の制度・体制のより根本的な改革を促したのは、1990年代に社会問題化した薬害エイズ事件であった。1980年代に米国から輸入された血液製剤の投与により多数の血友病患者などがエイズウイルスに感染した事件である。この事件では、血液製剤を製造販売していたミドリ十字（現田辺三菱製薬）の歴代社長３名に実刑判決、厚生省（現厚生労働省）の担当課長に有罪判決が出ている。1983年頃から日本でも非加熱製剤の危険性が徐々に認知され始め1985年には安全な加熱製剤が承認されていたにもかかわらず、その後も非加熱製剤の使用を継続し、またその回収などの措置を講じなかったことの罪が問われたのである[3]。

　この薬害エイズ事件を受け、海外の最新の治験データ等の情報が国内で有効に活かされていないこと、血液製剤等の生物由来製品の安全性確保の仕組みが整っていないことなどの反省から、1996年に薬事法改正や各種ガイドラインの見直しなどが行われた。あわせて、医薬品審査体制が抜本的に再構築されてい

2）小長谷正明「スモン─薬害の原点」、『医療』第63巻第4号、2009年、227-234頁。
3）廣野喜幸「薬害エイズ問題の科学技術社会論的分析にむけて」、藤垣裕子編『科学技術社会論の技法』東京大学出版会、2005年、75-99頁。

98　　第Ⅱ部　科学的助言の事例

る[4]。すなわち、1997年、従来の厚生省薬務局を廃止し、医薬品等の研究開発や製造・流通に関わる業務と安全対策に関わる業務とを分離して前者は健康政策局へ移管、後者は新設の医薬安全局（2001年の中央省庁再編時に医薬食品局に改組）に担わせるとともに、それまで厚生省の内部で職員が行っていた審査業務を国立医薬品食品衛生研究所（それまでの国立衛生試験所を改組）のなかに新設される医薬品医療機器審査センターに委託して実施することとなった。こうして、これまで厚生省の一組織内で行われていた医薬品の製造・流通、安全対策、審査の三つの業務を実施する組織が分離されたのである[5]。

PMDA の誕生

2004年には医薬品医療機器審査センターが他の2機関（認可法人医薬品副作用被害救済・研究振興調査機構および財団法人医療機器センター）と統合され、独立行政法人医薬品医療機器総合機構（PMDA）が誕生した。PMDAは医薬品および医療機器の審査や安全対策等を一手に引き受ける組織としてその後拡大を続けている（研究開発振興業務については2005年に独立行政法人医薬基盤研究所に移管）。その常勤役職員は2004年の発足時に256名であったのが10年後の2014年には753名に達した。

PMDAは、新薬の審査にあたってチームを編成し、外部専門家を交えて協議を行って、審査報告書を作成する。その審査結果は厚生労働省に報告され、薬事・食品衛生審議会における審議を経て厚生労働大臣が当該医薬品等を承認する。基本的には、PMDAは行政的判断を伴わない科学的観点からのリスク評価を行い、厚生労働省は総合的な観点からのリスク管理を行うという体制になっているが[6]、後述するように実質的にはPMDAが科学的観点と行政的観点の双方を取り込む形で審査を行っている。

---

4) 1993年頃に問題となった、帯状疱疹の治療薬「ソリブジン」とフルオロウラシル系の抗ガン剤との併用により重篤な副作用が発生したソリブジン事件もこうした一連の制度・体制改革のきっかけとなったともされる。藤田由紀子「医薬品行政における専門性と政治過程—合意形成が困難な行政領域での役割」、内山融也編著『専門性の政治学』、ミネルヴァ書房、2012年、173-206頁。
5) 医薬品の審査とは、医薬品の承認に先立ちその品質、有効性、および安全性について評価することを指し、安全対策とは市販後の安全性に関する情報収集、分析、提供を行うことを指す。
6)「医薬品行政を担う組織の今後のあり方について」、薬害肝炎事件の検証及び再発防止のための医薬品行政のあり方検討委員会（第13回）資料3、2009年5月27日。

2　利益相反の背景と事例

利益相反への意識の高まり──エビデンスの中立性・信頼性への脅威

　わが国の医薬品審査の体制・制度は、こうして数十年をかけて科学的知見に基づいた安全性・有効性の評価が可能なシステムとなってきた。しかし、2000年頃から、そうした評価の基となるエビデンスの中立性・信頼性が利益相反によって損なわれるケースが目立つようになる。そのため近年、利益相反のマネジメントのための制度の整備が進んできた。本節では、PMDAによる医薬品審査体制の問題点の議論からいったん離れて、近年わが国で利益相反が問題となった事例と、それらへの対応のなかで利益相反のルールが確立されてきたものの、それが必ずしもうまく機能していない状況を指摘する。

　わが国では1990年代後半より産学連携の推進のための政策が強化されてきた。1998年には大学等技術移転促進法（TLO法）の制定により大学の研究成果の特許化およびライセンシングを担う技術移転機関（TLO）の設立支援が行われ、1999年にはいわゆる日本版バイ・ドール条項により公的な研究費による研究開発から生じた特許権等を受託者に帰属させることができるようになった。こうして、わが国で従来低調であった産学連携が推奨される流れが明確化し、医学分野でも製薬企業などからの研究資金や寄付金の受入れが増加してきた。だが、それは利益相反が起きやすくなることをも意味した。つまり、大学の研究者が特定の企業から資金を受け入れることによる利益と、当該研究者が公正に研究を実施するという公的な責任とが、研究者の内部で相反してしまう事態が発生しやすくなった。

　そのため文部科学省のワーキング・グループは2002年11月に報告書をまとめ、各大学において利益相反の問題を取り扱うための体制整備を行う必要性を指摘した[7]。一方、厚生労働省は2003年7月に公表した「臨床研究に関する倫理指針」のなかで、インフォームド・コンセントにあたって利益相反に関する

7）科学技術・学術審議会技術・研究基盤部会産学官連携推進委員会利益相反ワーキング・グループ「利益相反ワーキング・グループ報告書」、2002年11月1日。本報告書においては、利益相反とは、より一般的に「責任ある地位にいる者の個人的な利益と当該責任との間に生じる衝突」と捉えている。

説明を行うべきとした[8]。国際的にも、2000 年には世界医師会が医学研究者の倫理規範であるヘルシンキ宣言を改訂して利益相反の公開の必要性を示している。厚生労働省の指針は、同宣言を踏まえたものであった。

　ところが 2004 年 6 月、深刻な利益相反のケースがメディアで報じられた。新しい遺伝子治療薬の臨床研究を実施した大阪大学の複数の教授らが、その新薬の商品化を目指すベンチャー企業アンジェス MG 社の未公開株を試験前に取得し、上場後に売却して利益を得ていたことが明らかになったのである。この事案は、法的な問題はなかったが、利益相反の疑義を喚起する典型的なケースであった。大学における臨床研究が本当に厳正に行われているのか、その臨床研究に基づいて承認・販売される医薬品の安全性・有効性はきちんと確保されているのか、国民からの信頼が損なわれる結果となった[9]。

　これを受けて文部科学省は 2006 年、「臨床研究の利益相反ポリシー策定に関するガイドライン」を定め、各大学に適切な利益相反マネジメントの体制整備およびルールの策定を促した。これにより、わが国でも医薬品の治験を含む臨床研究の利益相反に対応する考え方がひとまず整った[10]。

タミフル問題

　上述のように、わが国では今世紀に入って利益相反の概念が医学研究の場に導入されたが、研究者の間に利益相反のマネジメントが必要であるという意識はなかなか浸透しなかった。むしろ 2000 年代後半には、医薬品分野での利益相反をめぐる疑義が社会の耳目を集める事例が目立つようになる。その一つが 2007 年 3 月に明らかになったインフルエンザ治療薬タミフルの副作用の研究に関わる利益相反であった。

　2007 年 2 月 16 日、タミフルを服用した愛知県蒲郡市の中学生がマンションの 10 階から転落死し、その後 2 月 27 日には仙台市の中学生がマンション 11 階から転落死したことが大きく報じられた。わが国ではタミフルが 2000 年に承

---

8) 厚生労働省「臨床研究に関する倫理指針」、2003 年 7 月 30 日。
9) 東北大学研究推進・知的財産本部「利益相反・責務相反への対応についての事例研究」、平成 16 年度文部科学省大学知的財産本部整備事業「21 世紀型産学官連携手法構築に係るモデルプログラム」成果報告書、2005 年 3 月。
10) 臨床研究の倫理と利益相反に関する検討班「臨床研究の利益相反ポリシー策定に関するガイドライン」、2006 年 3 月。

第 5 章　医薬品審査　　101

認されて以来、服用した患者が異常行動死したケースがあったが、厚生労働省はその因果関係に否定的であり、タミフルの安全性に重大な懸念があるという立場をとっていなかった。しかし3月20日に他の異常行動の事例が明らかになるに及んで、同省は10代の患者へのタミフルの投与を原則差し控えるようにという内容の「緊急安全性情報」を販売元の中外製薬に出すよう指示する。さらに3月22日には、厚生労働事務次官がタミフルと異常行動との因果関係を否定していた立場を見直す旨発言した[11]。

このようにタミフルの安全性が大きな社会的関心を集めるなか、3月13日発売の週刊誌により関係者の利益相反が明るみに出た。タミフルの安全性に関する厚生労働省の見解の重要な根拠となっていた同省の調査研究班[12] の主任研究者、横浜市立大学A教授の講座が2001～2004年度に中外製薬から総額850万円の寄付金を受けていたのである。このことは国会でも取り上げられ、3月23日には当時の厚生労働大臣が事実関係の精査を約束するとともに、寄付を受けていたメンバーを調査研究班から除外することを明言する。その結果A教授を含め3名が調査研究班から外れることになった。

ところが同時に、調査研究班の2006年度の活動資金の一部が、中外製薬からの寄付金によってまかなわれていたこと、それを厚生労働省も黙認していたことが判明する。4月3日には、2006年1月27日の薬事・食品衛生審議会の部会で参考人としてタミフルと副作用死との因果関係に否定的な意見を述べた東京大学B教授が、中外製薬から過去6年間に300万円の寄付を受けていたことも明らかになった[13]。

ルールの整備

このようにタミフルをめぐる利益相反が問題視されたことを踏まえ、厚生労働省は具体的なルール作りに乗り出した。早くも2007年4月23日には薬事・食品衛生審議会薬事分科会が「暫定ルール」の申し合わせに合意し、委員が審議対象品目の製造販売業者から過去3年間で年間500万円を超える寄付金等を

11）片平洌彦「タミフル薬害と国の対応の問題点」、片平洌彦編『タミフル薬害—製薬企業と薬事行政の責任と課題』、桐書房、2009年、12-42頁。

12）2005年度厚生労働科学研究「インフルエンザに伴う随伴症状の発現状況に関する調査研究」。

13）寺岡章雄「『タミフル薬害』にみる利益相反と副作用情報の課題」、片平洌彦編『タミフル薬害—製薬企業と薬事行政の責任と課題』、桐書房、2009年、66-88頁。

受領した年がある場合は当該審議に加わらないこと等を取り決めている。同時にワーキンググループを設置して詳細な検討を行うこととなり、そこでの8回にわたる検討を経て2008年3月24日、薬事分科会は「審議参加に関する遵守事項」に合意し、運用を開始した[14]。

さらに、同年3月31日には厚生労働省が「厚生労働科学研究における利益相反の管理に関する指針」を公表し、各大学等に利益相反の管理や事例の審査にあたる委員会の設置を促して、そうした措置がとられていない大学等には厚生労働科学研究費補助金の交付を行わない方針を定めた[15]。薬事分科会による上述の「遵守事項」は研究者の政府における政策形成の場への参画に関わる利益相反のルールを定めたものであるのに対し、厚生労働省の本指針は研究者による研究実施に関わる利益相反のルールを定めたもので、ここにわが国でも関連規定がそろったことになる。

2011年には日本医学会が医学研究の利益相反に関するガイドラインを、また日本製薬工業協会（製薬協）が製薬企業と医療機関等との金銭的関係の公表に関するガイドラインを定め、さらに2013年には日本学術会議も臨床研究にかかる利益相反マネジメントのあり方に関して提言を作成し、学界側・産業界側の対応方針も固まってきた[16]。

利益相反の問題の本質は、その存在が避けられないものであって、むしろそのバランスのとれた管理が必要な点にある。利益相反を徹底して排除しようとすると、研究の進展や社会還元もが同時に阻害されかねず、医薬品の審査にあたって必要になる科学的知見に最も通じている研究者を排除してしまうなど、むしろ社会的な便益が阻害されてしまう可能性もある。この点については上述の厚生労働省の指針でも強調されており、国際的にも広く認識されている[17]。だからこそ、利益相反マネジメントの一番の基本は、利益相反の最小化ではな

---

14) 薬事・食品衛生審議会薬事分科会申し合わせ「審議参加に関する遵守事項」、2008年3月24日。

15) 「厚生労働科学研究における利益相反（Conflict of Interest：COI）の管理に関する指針」（2008年3月31日厚生科学課長決定）。

16) 日本医学会「医学研究のCOIマネージメントに関するガイドライン」、2011年2月。日本製薬工業協会「企業活動と医療機関等の関係の透明性ガイドライン」、2011年3月。日本学術会議臨床医学委員会臨床研究分科会「提言　臨床研究にかかる利益相反（COI）マネージメントの意義と透明性確保について」、2013年12月20日。

17) 新谷由紀子『利益相反とは何か—どうすれば科学研究に対する信頼を取り戻せるのか』、筑波大学出版会、2015年。

く利益相反の公開であるとされている。ただし、どの国でも利益相反の公開は基本的に自己申告に基づいて行われることが多く、その適切な管理は容易ではない[18]。

　わが国についていえば、医薬品をめぐって以前より政官業学の密接な関わりあいの構造が指摘されてきたところであり、これが利益相反に対する国民の視線を特段厳しいものにしているという状況があるだろう。タミフルの事案に際しても、大学研究者と製薬企業との資金的つながりだけでなく、厚生労働省で担当課長を務めた人物の中外製薬への天下りや製薬業界から政界への献金等が明らかになった。当時わが国がタミフルの備蓄を強く推し進め、その使用量の世界シェアが8割弱と異常に高い水準にのぼっていたのはこのような政官業学のつながりがあったためではないか、といった疑念がもたれたのもゆえなしとはしない[19]。

イレッサ問題

　わが国において政官業学が密接に関わりあう構造が注目を浴びた近年のもう一つの事例として、肺がん治療薬イレッサの副作用をめぐる訴訟がある。イレッサは2002年7月、世界に先駆けてわが国で承認され、副作用の少ない新薬として大いに期待された。しかし販売開始後間もなく、投与された患者が間質性肺炎[20]により死亡するケースが相次ぎ、厚生労働省は同年10月、製造・販売元のアストラゼネカ社に対し、医師らに警告を促す「緊急安全性情報」を発出するよう指示する。だがその後も承認の取り消し等はなされず、2004年には被害者・遺族らがアストラゼネカ社および国を相手どって損害賠償請求を求める訴訟を起こした[21]。

　訴訟では、わずか5か月という異例の短期間での審査の妥当性などが問われたが、利益相反の観点からは、イレッサの使用に関わるガイドラインの作成に携わった10名のうち3名が個人的にないし所属機関にアストラゼネカ社から

---

18) OECD, "Scientific Advice for Policy Making: The Role and Responsibility of Expert Bodies and Individual Scientists," April 2015, p. 40.
19) 儀我壮一郎「タミフル・新型インフルエンザ・戦時体制化と多国籍製薬企業」、片平洌彦編『タミフル薬害―製薬企業と薬事行政の責任と課題』、桐書房、2009年、127-170頁。
20) 肺の間質組織（肺の肺胞を除いた部分で、主に肺を支える役割を担う）の炎症を来す疾患の総称。
21) 片平洌彦編『イレッサ薬害―判決で真実は明かされたのか』、桐書房、2013年。

講演料や寄付金などの形で80万円から2000万円を受領していたことが問題となった。このガイドラインはイレッサの具体的な処方を定めたもので、厚生労働省からの依頼により日本肺癌学会が2005年3月に策定している[22]。ガイドラインはイレッサの売上げに直接影響を及ぼすものであるため、その作成にあたった委員の中立性に懸念が示された。

この件は2008年2月に国会でも取りあげられたが、その後も日本肺癌学会は、市民団体や厚生労働省による全委員のアストラゼネカ社との金銭的つながりの開示要求に応じなかった[23]。このような事態の成り行きは、当時の製薬企業と学界との不透明な関係をうかがわせることとなり、国民の信頼を大いに傷つけた。

政官業学の関係

ところがさらに2011年2月、製薬企業、厚生労働省、学界の不透明なつながりを決定的に示す事態が明らかになる。東京地方裁判所および大阪地方裁判所は、イレッサ訴訟の原告および被告に対し、同年1月に和解案を提示していた。これに対しアストラゼネカ社および国は相次いで拒否の意思表明をするのであるが、それに先立って日本医学会、日本肺癌学会を含む複数の学会等が和解案についてわが国の新薬の開発・承認を阻害する恐れがあるなどの懸念を示す声明文等を出していた。ところが、この諸学会による立場表明は実は厚生労働省の依頼に基づいて行われたものであり、厚生労働省が声明文の文案まで提供していたことが明らかになったのである。

この問題も国会で取りあげられ、厚生労働大臣が調査を約束し[24]、早速「イレッサ訴訟問題検証チーム」（主査：厚生労働大臣政務官）を設置する。5月に公表されたその報告書のなかでは、厚生労働省が声明文案を提供して見解の公表を要請したことは不当であったとはいえないものの「過剰なサービスであり、各学会や個人が独立して行なうべき内部意思決定過程に介入したことにもなる

---

22) 日本肺癌学会「ゲフィニチブ使用に関するガイドライン」、2005年3月15日。これに先立ち、日本肺癌学会は自主的に「『ゲフィニチブ』に関する声明」を2003年10月に公表しており、これを改訂した形になる。なお、両者の検討に関わった委員は一部重複している。
23) 第169回国会衆議院予算委員会、2008年2月26日。
24) 第177回国会衆議院予算委員会、2011年2月24日。第177回国会衆議院厚生労働委員会、2011年3月9日。第177回国会参議院予算委員会、2011年3月10日。

第5章 医薬品審査　　105

のであって、公務員としては行き過ぎた行為であったといわざるを得ない」とされた[25]。これを受けて、厚生労働省の医薬食品局長ら幹部は訓告などの処分を受けた。

イレッサ訴訟は結局、一審では被告側の責任が部分的に認められたものの、二審で判決が覆り、2013年4月には最高裁で原告敗訴が確定した。アストラゼネカ社および国の責任は問われないことになったのである。しかしながらこの訴訟の過程では、利益相反があったことが明らかになるとともに、本来独立の立場から科学的見解を述べるべき学会が、厚生労働省との透明性を欠いた関係のもとに行政の代弁者となったという、科学的助言者としての信頼を大きく損なう事態が生じていたことが判明した。産学官の間の距離が近すぎることが、本来あるべき科学的助言の実現の妨げとなった例であるといえる。

このようなわが国の状況に鑑みれば、利益相反のルールを定めるだけでなく、産学官の間の関係の健全性・透明性を担保することこそが、信頼性の高い科学的助言の実現の基盤であるといえるだろう。

3　科学的助言体制の改革に向けた議論

先述したようにわが国では2004年にPMDAが誕生し、新たな医薬品審査体制が確立したが、それと前後してタミフルやイレッサの事案が発生し、さらなる制度改革・体制改革が必要という議論が高まった。そうした議論は2010年頃に集中的になされるが、その直接のきっかけとなった出来事が二つあった。一つは薬害C型肝炎訴訟の決着と同時に医薬品審査体制の再検討が約束されたことであり、もう一つは民主党政権による事業仕分けである。

医薬品行政の改革に向けた動き

薬害C型肝炎訴訟は、1964年に承認されたフィブリノゲン等の血液製剤の投与による被害者が国と製薬企業を相手どって起こしたものである。フィブリノゲンについては、肝炎感染の危険性があることなどから1977年には米国で承認取消しがなされたが、わが国ではその後も特に対応がとられず、長年その

---

25)　イレッサ訴訟問題検証チーム「調査報告書」、2011年5月24日。

リスクが放置されてきた。1987 年には青森県の産婦人科医院で集団感染が発生するが、厚生省は製造販売元のミドリ十字社に対し非加熱製剤の自主回収等を指導したに留まった。ようやく翌年、厚生省は「緊急安全性情報」の配布を指示してフィブリノゲンはやむを得ない場合に必要最小限量を使用するよう徹底し、1998 年には加熱製剤の再評価に基づきその適用が「先天性血液凝固因子欠乏症」のみに限定されたことで問題は一応の収束をみることになるが、その間被害は拡大した。

こうして C 型肝炎ウイルスに感染した被害者らは、2002 年から 2007 年にかけて国と製薬企業に損害賠償を求めて五つの集団訴訟を起こす。その訴訟の一括解決のため、原告側と国の間で 2008 年 1 月 15 日、「基本合意書」への合意がみられたが、そこには「国（厚生労働省）は、本件事件の検証を第三者機関において行うとともに、命の尊さを再認識し、薬害ないし医薬品による健康被害の再発防止に最善、最大の努力を行うことを改めて確約する」と明記されていた[26]。この基本合意書に基づき、「薬害肝炎事件の検証及び再発防止のための医薬品行政のあり方検討委員会」が設置される。同検討会の任務は、薬害肝炎事件の検証と医薬品行政の改革の提言という二本立てであり、中間報告、第一次提言を経て 2010 年 4 月 28 日に最終提言をまとめるまでに計 23 回の会合を開催した。一方、ちょうど時を同じくして同年 4 月 27 日、行政刷新会議による事業仕分けにより PMDA のあり方に関する議論が行われることとなった。これらの場における医薬品審査体制の改革に関する論点について、以下みていきたい。

PMDA と厚生労働省との関係

上述の「薬害肝炎事件の検証及び再発防止のための医薬品行政のあり方検討委員会」の最終提言では、審査手続きの改善、市販後安全対策の強化、関連人材の育成など薬害再発防止のための幅広い改善事項が盛り込まれたが、それらに加えて医薬品行政の組織改革の案が二つ示された。一つの案は、すべての承認審査業務・安全対策業務等を厚生労働省内で行い、同省の審議会が大臣へ答

---

26) 厚生労働省「フィブリノゲン製剤による C 型肝炎ウイルス感染に関する調査報告書」、2002 年 8 月 29 日。薬害肝炎事件の検証及び再発防止のための医薬品行政のあり方検討委員会「薬害再発防止のための医薬品行政等の見直しについて（最終提言）」、2010 年 4 月 28 日。

申するというもの、もう一つの案はすべての業務を PMDA が行い、PMDA が大臣へ答申するというものであった。いずれの案においても、「最終的には大臣が全責任を負う」こと、「業務運営の独立性・中立性・科学性を確保する」ことなどの点については共通していたが、結局どちらの案とすべきかの結論には達しなかった。PMDA の行使可能な権限の範囲、運営財源、職員の専門性の確保、行政改革の観点からの制約などの多様な要因について意見を整理しきれなかったためである。ただし、報告書では、医薬品行政組織全体の監視および評価を行う第三者機関の設置も提言されている[27]。

　一方、事業仕分けでは、PMDA の独立性確保が大きな論点となった。PMDAは厚生労働省の意向に左右されずに独立性・中立性を保って審査を行うべきであるのに、組織の上層部が厚生労働省からの出向者で占められているとの指摘がなされた。事実、その時点で職員全体の 2 割が同省からの出向者で、部長以上の幹部職員に限れば 7 割以上がそうであることが明らかになった。厚生労働省側は、両組織間の連携・交流も重要であること、PMDA が設立から間もないためプロパー職員が育っていないことなどを挙げて反論したが、結論としては厚生労働省からの出向者の計画的削減と PMDA の独立性の担保が必要とされた[28]。

　この点については、実は前述の委員会でも大きな論点になっていた。委員会の検討では PMDA の全役職員と厚生労働省担当部局の職員を対象としたアンケート調査が実施されたが、その回答の中には、両組織間の人事交流が重要という意見も散見されたものの、PMDA 職員からみると幹部への登用の道が狭くキャリアパスが描けないという声があり、加えて厚生労働省の意向が審査に強く反映され過ぎるという意見も非常に多かった。「出向者が多いので、結果としてほとんど厚労省と同じ文化を共有することになっている。そのため独自性が発揮できない部分もある」という状況があった[29]。

　しかし問題の根本は、人事や組織分野の面で PMDA が厚生労働省から独立

---

27) 薬害肝炎事件の検証及び再発防止のための医薬品行政のあり方検討委員会「薬害再発防止のための医薬品行政等の見直しについて（最終提言）」、2010 年 4 月 28 日。
28) 行政刷新会議ワーキンググループ「事業仕分け」WG-B、2010 年 4 月 27 日、事業番号 B-14。
29) 薬害肝炎事件の検証及び再発防止のための医薬品行政のあり方検討委員会（第 21 回）、2010 年 2 月 8 日、資料 7-2。

できていないということにとどまらず、そもそも両組織の間の役割分担・責任分担が曖昧なままになっていることにある。法律上は、PMDA は医薬品の「審査」を行い厚生労働省は「承認」を行うことになっている。そして PMDA による「審査」は科学的観点からの安全性・有効性の評価を基としたものであるべきという理念があり、一方で厚生労働省はさまざまな政治的・行政的判断も含めた総合的な観点から新薬の承認を行うことが期待されている[30]。ところがアンケート調査の結果によれば、実際には PMDA での審査の段階ですでに行政的観点からの考慮をも求められるという指摘が多い。薬価や麻薬乱用対策等、科学的評価以外の部分についてまで PMDA で対応を求められたり、極端な例では、外部から圧力を受けた厚生労働省から特定の医薬品の審査を 1 週間以内に終わらせるようにといった要請があったりしたという。また、PMDA が審査報告書を厚生労働省に提出する前に同省のチェックが入り、記載内容の修正を求められる場合もあるという。一方で、本来総合的な観点から新薬の承認を行うべきか否かを議論するはずの厚生労働省側の薬事・食品衛生審議会薬事分科会はほとんど形式的な追認機関であるという見方が多い[31]。

　要は、PMDA は科学的な観点からのリスク評価をベースにした審査を行うことが想定されているものの、実際には厚生労働省と不可分の組織として総合的観点からリスク評価とリスク管理を一体的に実施しているとみることができるのである。

日本の審査体制の特徴

　このような PMDA と厚生労働省との関係には、わが国の医薬品分野における科学的助言のプロセスの特徴が端的に表れている。PMDA の専門家らは科学的観点から公正に審査を行う意思をもっているが、実際には行政的な要因を考慮せざるを得ない仕組みになっている。その結果 PMDA から厚生労働省に

---

30) 例えば「PMDA の理念」には、「最新の専門知識と叡智をもった人材を育みながら、その力を結集して、有効性、安全性について科学的視点で的確な判断を行います」と記されている。また、PMDA が公表している「新医薬品承認審査実務に関わる審査員のための留意事項」では「最新の科学的知見に基づき評価することが原則であるが、実施された試験の時期や背景、類薬の過去の判断事例等についても考慮する」こととされている。

31) 薬害肝炎事件の検証及び再発防止のための医薬品行政のあり方検討委員会（第 21 回）、2010 年 2 月 8 日、資料 7-2。

第 5 章　医薬品審査　　109

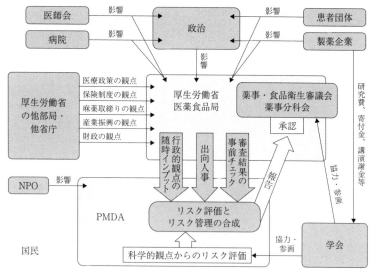

図 5.1　PMDA における審査の実際

報告書が提出される時点で、あらゆる観点を織り込み済みの結論が作り上げられているのである。

　これは、ある意味で独特かつ巧妙な科学と政治・行政との橋渡しのメカニズムである。というのは、もともと PMDA の専門家らにとって行政的な思考を身につけることはなかなか難しい。一方、厚生労働省は科学的な議論に加え他の要因も考慮して政策立案・決定をする必要がある。両者の観点をつなぐことは必ずしも容易ではないわけであるが、現在の日本の仕組みでは、そのつなぎのプロセスが PMDA の組織内で独特の方式で実現されているとみることもできる（図 5.1 参照）。

　もちろんこのような体制が持続可能なものであるかどうかは見方が分かれるところだろう。科学的判断が行政的考慮により不当に支配されていると感じている PMDA 職員も多いからである。そのような状況では、科学的判断を貫こうとする意思も減損しかねない。「審査員としてのプライドをかけて出した結論が決して科学的とはいえない観点からくつがえされるのには失望しますし、このようなことがまかり通る仕組みでいいのかと疑問に思います」「業務指示を行う組織の上層部は殆どが厚労省などの行政官という構造のため、医薬品行政を担う人の指示に従って業務を進めていかなくてはいけない組織というイメージが

強い」といった声もある[32]。こうした意見に鑑みれば、科学と政治・行政との関係のあり方について率直な議論を行っていくことが必要になってくるのではないだろうか。その際には、第3章で紹介したような近年急速に進んでいる国際的な科学的助言の議論の枠組みを踏まえることにより、新しい展開が可能になると考えられる。

4　まとめ——透明性・独立性の確保に向けての課題

　医薬品審査は、多くのステークホルダーの多様な利害が絡むため、科学と政治・行政との間の関係を適切かつ有効な形に維持することが困難な分野の一つである。審査に必要なエビデンスを産み出す医学研究者は、多くの場合製薬企業から研究費、寄付金、講演謝金等の形で資金を受けており、日常的に利益相反状態にある。製薬企業と研究者との金銭的つながりは、必ずしも否定的に捉えられるべきものではない。現在、わが国の大学等には製薬業界から年間5000億円程度の資金が供給されており[33]、わが国の医学研究はその資金なくして成り立たない。したがって利益相反は不可避であり、そのマネジメントのためのルールや体制の整備が進んできたところである。現在では利益相反の公開が大原則として確立しているが、依然利益相反をめぐって国民の信頼を損なう事案が起きている。わが国では政官業学が密接に関わりあう構造の下で医薬品行政が進められてきたという経緯があり、利益相反のルールは確立してきたものの、医薬品審査の根拠となる科学の健全性が確保されるためにはなお改革が必要であると考えられる。

　一方、医薬品審査に際しての直接的な科学的助言者であるPMDAは政治・行政からの影響を受けやすい。PMDAは、科学的なリスク評価を行うことを標榜するが、実際にはリスク管理機関である厚生労働省の意向をさまざまな形で織り込んだ審査を行っている。厚生労働省は、製薬企業のみならず医師、患者、財政当局、産業振興当局、保険当局、麻薬取締り当局など、多様なステークホルダーの立場や利害に配慮するため、そうした科学的観点以外の要因が

---

32) 同上。

33) 第185回国会　長妻昭衆議院議員提出製薬企業からの資金提供に関する質問に対する答弁書（2013年12月13日受領　答弁第127号）。

第5章　医薬品審査　111

PMDA 内部に取り入れられる。医薬品業界や規制当局を監視する NPO 等の意向も重要な役割を果たすことがある。このような環境で、公正かつ合理的な審査を維持することは容易ではない。現状では、リスク評価機関である PMDA が実態上、リスク管理に深く踏み込んだ役割を果たすことで、PMDA の組織内で科学と政治・行政との橋渡しが行われているが、そこには整理すべき問題点も多く残されている。

　最近では、PMDA における科学重視の姿勢の強化をみてとることもできる。PMDA は 2012 年 5 月 14 日、科学委員会を設置し、最先端の科学的知見に対応した審査等を可能にする体制の構築に取り組み始めた。この科学委員会は、レギュラトリーサイエンス、すなわち規制行政に科学的根拠を与える科学（第 1 章 p. 25 を参照）の推進の役割も担っている。医薬品審査におけるレギュラトリーサイエンスとは、審査等を科学的に実施するうえで必要になる科学であると捉えることができる。2011 年に閣議決定された第 4 期科学技術基本計画でもレギュラトリーサイエンスの充実の必要性が強調された。だが、わが国の医薬品審査の現状をみるならば、レギュラトリーサイエンスの充実とともに、科学的助言に関する国際的な議論を踏まえた体制の再構築も喫緊の課題であるように思われる。PMDA の組織のあり方、利益相反のより実際的なマネジメント、そして何よりも政官業学の関係の健全化等に関し、掘り下げた検討が求められている。

第6章　地震予知
——科学の不確実性への認識と対応

　わが国は世界有数の自然災害発生国であり、地震、台風、火山の噴火などにより多大な被害を受けてきた。なかでも地震は人命や建築物に甚大な被害をもたらすため、政府はこれまで国民の安全・安心確保に向けた対策に力を入れてきた。特に東海地震発生の可能性が社会的関心事となったことをきっかけに1978年に大規模地震対策特別措置法（大震法）が制定されて以降は、政府は多額の予算を投じて地震予知の実現に向けた取組みを積極的に進めてきている。しかしながら、地震研究者らのこれまでの努力にもかかわらず、この分野の科学は未だ発展途上である。地震予知の科学そのものが世界的にも十分に確立されていないという大きな制約のなかで、わが国では地震予知に対する社会からの強い期待、政治的要請に応える形でこの分野の科学的助言の仕組みのあり方がこれまで模索されてきた。

　本章ではまず、世界的に地震災害への対応に関する期待が高まるなか、1960年代から70年代にかけて地震予知の科学の実態に即した形で科学的助言の体制整備を進めることが必ずしも容易ではなかった状況を概観する。そのうえで、阪神・淡路大震災および東日本大震災の発生後に政府の地震災害への対応方針が変化した経緯と、2011年のイタリアのラクイラ地震に関連して地震研究者に出された実刑判決をめぐる議論を追うことを通じて、科学的助言者が科学の不確実性や限界を伝達する役割と責任を負うことを指摘したい。

1　科学的助言体制の整備

国民の強い期待

　わが国の地震予知研究に関連する行政の取組みは、1891年に発生した濃尾地震をきっかけに文部省に設置された震災予防調査会（1892-1925）に始まり、関

東大震災後の 1925 年にはそれが新設の震災予防評議会と東京帝国大学付属地震研究所に引き継がれ、戦争の混乱の中も変化を重ねながら進められてきた。その後 1962 年には坪井忠二、和達清夫、萩原尊禮ら地震研究者が提言した「地震予知―現状と推進計画」のなかで地震予知が可能かどうかの検証を試みることが提案され、これをきっかけに政府の取組みが本格化する。この提言では、地震予知がいつ実用化するかは分からないが、いま調査を開始すれば 10 年後にはその問いに十分な信頼性をもって答えることができるだろうと述べられていた[1]。

　1964 年には新潟地震が発生し、地震予知への期待が一段と高まったこともあり、文部省測地学審議会（当時）は同年、地震予知研究計画（第 1 次地震予知計画）を公表する。この計画が目指したのは地震予知研究の基礎となるデータを全国規模で収集する体制作りであった。当時はメディアも地震予知研究の資金確保と体制整備を強く訴えており、国会でも地震予知問題が再三取り上げられた[2]。

　その後、1965 年から発生した松代群発地震、1968 年の十勝沖地震により、地震予知への社会的な要請は急速に高まる。1968 年、地震予知の実現性は未だ不透明ではあったが、文部省測地学審議会は地震予知の実用化を目標とした観測研究を行う地震予知推進計画（第 2 次地震予知計画）を公表した[3]。同計画では、第 1 次の計画名称に含まれていた「研究」の二文字が削除され、「推進」に置き換わっている。この名称変更は、当時、地震災害から国民を守るための地震予知に対する期待がいかに高かったかを物語っているといえるだろう。

　一方、この名称変更は、当時の運輸大臣が、「研究計画」では地震予知に関する予算の獲得は難しいとして「研究」の二文字を削除させたためであったとも言われている[4]。実際、同計画の決定後に地震予知研究関係の予算が前年から 1.5 倍の 4 億 9600 万円に増額されるなど、研究者は潤沢な研究資金の下に地震予知研究を進めることとなった[5]。地震予知実現という目標を強く打ち出すことは、科学者と政府の双方に恩恵をもたらすものであったといえる。

---

1) 泊次郎『日本の地震予知研究 130 年史―明治期から東日本大震災まで』、東京大学出版会、2015 年。
2) 同上、237-238 頁。
3) 同上、249-253 頁。
4) ロバート・ゲラー『日本人は知らない「地震予知」の正体』、双葉社、2011 年。
5) 昭和 51 年版科学技術白書、第 1-2-3 図。

Box 6.1　地震予知関連の予算について

　わが国の地震予知関連の予算は、地震予知計画や 1978 年に制定された大震法を受けて確実に増加してきた。また、1995 年の阪神・淡路大震災を契機にさらに予算が増えている。図 6.1 では「新第 1 次 (H11-H15/5 年)」から予算額が減少しているが、これは、関連機関 (注 5 を参照) が独立行政法人化され、それらの予算が計上されていないためである。

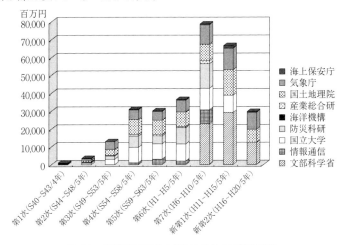

図 6.1　地震予知計画の各次における予算額推移
（地震及び火山噴火予知研究計画に関する外部評価委員会第 1 回（2007 年 6 月 28 日）参考資料 3 からの引用）

注 1　文部科学省は、旧科学技術庁研究開発局予算および文部科学省研究開発局予算。
注 2　情報通信は、旧郵政省通信総合研究所予算含む。
注 3　海洋機構は、旧海洋科学技術センター予算含む。
注 4　産業総合研は、旧通商産業省工業技術院地質調査所および計量研究所予算含む。
注 5　H13 年 1 月に独立行政法人化した機関（情報通信、防災科研、海洋機構、産業総合研）については「運営費交付金の一部」となったため、H12 年度までの予算額。また、国立大学法人については、H16 年度より法人化したため、H15 年度までの予算額。
注 6　新第 2 次計画の予算については、H16-18 年度分を計上（H18 年度補正予算は除く）。

　体制面では、測地学審議会の建議を受けて 1969 年に地震予知連絡会が、建設省国土地理院長（当時）の私的諮問機関として設置された。同連絡会は、地震予知に関する調査・観測・研究結果等の情報交換とそれに基づく学術的な検討を行うことを目的としたものであり、地震予知を重点的に実施する特定観測地域を指定する役割も担っていた。その後、地震予知推進本部（1976 年）や地

震防災対策強化地域判定会（1979年）の設置に伴って同連絡会の機能はやや変化したものの、現在も活動を続けている。

Box 6.2　地震予知とは [6)]

　市民保護のための地震予測に関する国際委員会（International Committee on Earthquake Forecasting for Civil Protection）の定義によれば、「地震予知」とは、将来発生する地震の規模、場所および時間を一定の精度で特定し、その発生を事前に告げることであり、警報の発令につながる。予知された地震が特定された時空間の範囲内で起きれば予知は的中とされる。このように、地震予知は将来の地震発生に関して決定論的な情報を提供するものであり、後述する地震発生可能性の長期評価とは区別される。

東海地震説の影響

　こうしてわが国で地震予知実現に向けた研究が国家的なプロジェクトとしてスタートした1970年頃、当時地震予知先進国とされた旧ソ連や中国、米国などでは地殻変動等の地震の前兆を観測したとする報告が多数行われ、世界的には地震予知の実現は目前のように思われた [7)]。一方、わが国では1976年に石橋克彦（当時東京大学助手）による駿河湾地震説の発表を皮切りに [8)]、複数の研究者が駿河湾における地震発生の可能性を指摘したことで、東海地震発生が大きな社会的関心事となった。1976年10月の国会でも東海地震の可能性が取り上げられ、地震予知の可能性などについて審議されており、同年11月には地震予知を目指した研究・調査を実施する組織である地震予知推進本部も設置された。

　この1976年の国会においては、数名の地震研究者に対して地震予知の可能性についての見解が尋ねられている。参議院予算委員会の参考人として呼ばれた浅田敏（東京大学教授）は「あらゆる地球物理学的な観測を綿密にして様子を

---

6) 鷺谷威「地震の予知・予測とその不確実性」、『オペレーションズ・リサーチ』第57巻10号、2012年、545-550頁。

7) 島村英紀『「地震予知」はウソだらけ』、講談社文庫、2008年、56頁。

8) 石橋克彦「東海地方に予想される大地震の再検討―駿河湾大地震について」、地震学会1976年秋季大会講演予稿集、1976年、30-34頁。石橋克彦「東海地方に予想される大地震の再検討―駿河湾地震の可能性」、『地震予知連絡会会報』第17巻、1977年、127-132頁。

116　　第Ⅱ部　科学的助言の事例

見ていくよりしようがありません。そうすれば、もしかしたらあと数年に迫っておるのか、あるいはまだ間があるのかということが分かるのでないかと考えております。……もしかしたら大地震というものが起こる数時間前に発生の予知ができるのではないかというふうに考えております」と述べ[9]、別の委員会でも、「地震の起こる直前にいろいろな変動がおこるかもしれないという期待は、これは十分もてるものであります。非常に極端な場合は人間の目で見えるような前兆現象が起こり、……機械でちゃんと測ればこれは見込みがあるわけです」と述べている[10]。力武常次（東京工業大学教授）も「（地震直前に）兆候をつかめることが決して不可能ではないと思います」と述べており、地震予知への期待を抱かせている[11]。一方で、萩原尊禮（地震予知連絡会会長）は、「（東海地域では、）差し迫った予報、数ヶ月前あるいは数日前、あるいはできれば数時間前といったような短期的な予報が可能になってくると思います」と述べると同時に「短期的な予報につきましては、……どうも万能薬というか、これだけしっかり見詰めていればいいというものはまだ見つかっていないのでございまして、……ケース・バイ・ケースに違ってくるのだと思います」と地震予知の難しさにも触れている[12]。当時は、地震予知が可能となる将来的な展望を示唆する科学者も多かったが、その難しさを指摘する声もあり、科学者によって微妙に見解が異なっていたことが窺える。

　萩原は、地震予知の体制整備に関する質問に対しては、「この地震予知というのは、いま研究の段階から実用の段階に一歩足を踏み入れたか、あるいは入れようとしているか、そういう非常に微妙な状態でございます。……私ども研究者にははっきりしたことを申し上げる力もございませんで、行政に携わる皆様にいろいろとご検討を願って、積極的な前向きな姿勢でいいものを作っていただきたい」と答弁している。さらに萩原は「気象庁の天気予報のために予報官というのがおりまして、……これはもう業務として一元化して行えるわけでございますが、（地震予知は）まだ研究すべきことが非常に多い」と述べている[13]。予知の実用化の難しさに触れたうえで、その体制整備については行政の責任で

---

9) 第78回国会参議院予算委員会会議録、1976年10月4日。
10) 第78回国会参議院科学技術振興対策特別委員会会議録、1976年10月22日。
11) 第78回国会参議院災害対策特別委員会会議録、1976年10月29日。
12) 第78回国会参議院建設委員会会議録、1976年10月19日。
13) 同上。

第6章　地震予知　117

行うべきであるとした萩原は、科学者と行政の役割は明確に区別すべきである
という彼自身のスタンスを示したといえる。

大震法制定に関する議論

その後、地震予知連絡会内に東海地域判定会が設置され（1977年）、同会は東
海地域における地震前兆を判断することになった。しかしそれを踏まえて対応
すべき行政側の体制は未だ整備されておらず、法律で規定しないと混乱を引き
起こす可能性があることが議論された[14]。一方、同年全国知事会が設置した地
震対策特別委員会では、巨大地震の予知およびその事前事後の対策を図るため、
地震に関する特別立法の制定等について協議されるなどの動きがあった[15]。
さらに、1978年1月には東海地震の想定地域近くの伊豆大島近海で地震が起
こり、国民の恐れを一層かきたてた。こうした内外の状況を踏まえ、政府は地
震予知に向けた取組みを本格化させた。

政府はまず、地震予知は可能であることを前提として地震発生に先立ち社
会・経済的規制を行うことを定める大規模地震対策特別措置法（大震法）の制
定に取り組んだ。しかし当時地震予知の科学の不確実性は依然として高く、
1978年2月の衆議院災害対策特別委員会では地震予知の実現性の見通しに対し
て疑問が呈されている。同委員会に参考人として呼ばれた萩原尊禮（東海地域
判定会会長）は、「短期予知は非常に難しいのでございまして、万能薬というも
のはございませんで、これだけのこういうことをやっていれば必ずこれで短期
予知が出来るというのがございません」と述べており、予知が不可能であると
は述べていないが地震予知の難しさを強調している[16]。さらに、4月の同委員
会に参考人として呼ばれた地震研究者の浅田敏、鈴木次郎は、それぞれ「理屈
が理屈どおりうまく働いてくれれば予知をする見込みはあると思いますが、こ
れもやはりあらゆる努力をしてやってみないと分からないという面も強くござ
います」「数時間前に相当確度の高いものを出すということは、東海地域に関
してでも確実ではないと思います。……ですからその点は地震予知の確度とい
うものを横目でみながら一応対策をお立ていただくようお願いしたいと思うの

---

14) 泊次郎、前掲、324頁。
15) 全国知事会編『全国知事会六十年史』、2007年、152-153頁。
16) 第84回国会衆議院災害対策特別委員会議録、1978年2月16日。

118　　第Ⅱ部　科学的助言の事例

でございます」と述べている[17]。科学者の間では、地震予知が可能になる見通しは不確実であるという意見が多かったといえる。

　一方、1978年4月の同委員会で、予知の確実性に関する質問に対し気象庁の末広重二参事官は「地震学会全般の意見では、マグニチュード8程度の地震ならばそれなりの観測施設をおけば予知できるというところまで進んでいる。それならば、これをぜひ防災に結びつけるべきであろう」、「若干の空振りはあるかもしれないが一発必中へもっていくようできるだけのことをさせていただきたいと思います」と答弁している[18]。東京大学の理学博士である末広は地震に関する研究業績も多く、地震予知に関する科学的見解にも十分通じていたはずであり[19]、科学と行政の間に立った発言を行ったという見方もできるだろう。

　大震法制定の際の議論において、萩原はあらためて科学と行政の役割分担に関する自身の考え方を示している。地震予知連絡会会長であった萩原は、「予知連絡会が今回のそういう特別立法について行政側でどうあるべきかという細かい点についていろいろと言う立場ではないのでございます」と述べた。さらに、萩原は「地震予知連絡会は、地震予知に必要な色々な観測資料を集めまして、それに基づいて学問的な判断をするところでありますので、……これを実際に受けて行動に移すというのが行政側の立場で、これがつまり地震警報である」とも述べており[20]、科学と行政の役割分担の重要性について強く意識していたと読み取ることができよう。

　その後萩原は参考人として出席を要請されたが審議の場に出てくることはなかった[21]。これは科学者として同法案への関与を控えたものとみることができるが、その真意は法案による東海地域判定会委員への影響を避けることにあったとする見方もある[22]。いずれにしても、わが国における地震災害への対応方針を定める重要な場面で科学者側と政治・行政側との対話を十分深めることが困難な状況であったといえる。

---

17) 第84回国会衆議院災害対策特別委員会会議録、1978年4月19日。
18) 第84回国会衆議院災害対策特別委員会会議録、1978年4月18日。茂木清夫「日本の地震予知問題について」、『土と基礎』第45巻第12号、6-7頁。
19) 島村英紀「特集：地震防災と危機管理—東海地震と地震研究をめぐる四半世紀」、『科学』2003年9月号。
20) 第84回国会衆議院災害対策特別委員会会議録、1978年2月16日。
21) 同上。第84回国会参議院災害対策特別委員会会議録、1978年6月2日。
22) 泊次郎、前掲、334頁。

判定会の設置と役割

　このような議論を経て、大震法は 1978 年 6 月に可決成立した。それは、東海地震を予知できる可能性が高いという前提のもと、地震観測の強化や、地震予知情報が出た場合の政府の対応のあり方などを規定したものであった。この大震法制定以後、同法を基軸に東海地域の地震対策が展開されていく。まず 1979年、地震防災対策強化地域判定会が気象庁長官の私的諮問機関として設置され、それに伴い地震予知連絡会内の東海地域判定会は廃止された（表 6.1 を参照）。新たな判定会は 6 名の地震学研究者からなり、地震防災対策強化地域（強化地域）として唯一指定されている東海地域を評価対象として、この地域で異常な現象が捉えられた場合、それが大規模な地震に結びつく前兆現象と関連するかどうかを緊急に評価することをミッションとしている。事実上、東海地域の地震に関するリスク評価機関が設置されたことになる。

　こうした体制について、地震研究者の浅田敏、茂木清夫は地震予知研究の大きな前進であるとの見解を示しており、多くの研究者も同様の見方であった[23],[24]。しかし、同判定会は、東海地域について今後発生する地震を一定の精度で判定することを求められており、地震予知の科学の現状を踏まえれば、これに応えることは困難であるといった意見も少数だがあった[25]。

表 6.1　地震予知に関する関連組織

組織名	設置年度	目的	機能	機関
地震予知連絡会	1969 年	地震予知研究に関する情報交換と総合的判断等	情報と意見の交換	国土地理院長の私的諮問機関
地震予知推進本部	1976 ～ 1995 年	地震予知の推進に関する重要な施策を関係省庁の緊密な連携の下に更に強力に推進	地震予知の研究・調査	（事務局：科学技術庁）
地震防災対策強化地域判定会	1979 年	強化地域の短期的地震予知（現在東海地震のみ）	東海地震の直前予知（緊急時参集し東海地震の予知を実施。月 1 回打合せ会開催）	気象庁長官の私的諮問機関

神沼克伊・平田光司監修『地震予知と社会』（古今書院、2003 年）を参考に作成

23）泊次郎、前掲、356 頁。
24）浅田敏「この 10 年を振り返って（1）総括」、地震予知連絡会編『地震予知連絡会 20 年のあゆみ』、日本測量協会、1990 年。茂木清夫『日本の地震予知』、サイエンス社、1982 年。

120　　第Ⅱ部　科学的助言の事例

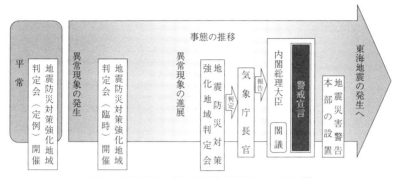

図6.2 異常現象の検知から警戒宣言までの流れ[26]

さて、判定会により評価がなされると、それを受けて気象庁長官は地震発生が迫っているかどうかを判断することになっている。地震発生の恐れがあると判断した場合、気象庁長官は内閣総理大臣に「地震予知情報」を報告し、この報告を受けた内閣総理大臣が「警戒宣言」を発令する。そして、住民避難や交通規制の実施、百貨店等の営業中止などの対策がとられる（図6.2）。1994年の株式会社日本総合研究所の試算によれば、警戒宣言による経済活動への損失は、1日に約7200億円である。

このような莫大な社会・経済的インパクトを有する警戒宣言の根拠は、気象庁長官の私的諮問機関である判定会の評価にほぼ委ねられており、その責任は非常に重いものとなっている。

2 地震災害への対応の方針転換

阪神・淡路大震災の発生——全国的な長期評価へ

1995年1月に阪神・淡路大震災が発生したが、これを契機に地震災害への取組みが大きく変わる。大震法制定以降、政府は地震災害のリスク軽減に向けて地震の規模、場所および時間を一定の精度で把握すること、すなわち地震予

---

25) 泊次郎、前掲、356頁。大塚道男「地震予知と社会」、『地震予知研究シンポジウム』、1980年。
　島津康男「SOFT SCIENCEとしての地震予知」、『地震予知研究シンポジウム』、1980年。
26) 気象庁HP：http://www.data.jma.go.jp/svd/eqev/data/tokai/tokai_info_transmit.html

知を目指してきたが、この方針が再検討されることとなったのである。阪神・淡路大震災を契機に、地震予知が困難であるという現状認識を踏まえつつ、全国規模での地震調査の実施に取り組み、この成果を防災対策に活かすため、基本的には政治主導で地震予知への取組みを見直すこととなった[27]。

　組織体制面では、阪神・淡路大震災から数か月後の1995年6月、全国的な地震調査研究を主に防災対策に重点を置いて実施することを理念として地震防災対策特別措置法が制定され、同法に基づき地震予知推進本部が廃止、地震調査研究推進本部に改組された。組織の名称から「予知」が削除され「調査研究」が加えられていることに留意したい。同本部に置かれた長期評価部会が、関係機関等の調査結果を収集、整理および分析し、これに基づいて長期的な観点から地震発生の可能性の評価を行うことになった。この評価結果を受けて国や地方公共団体等は防災対策を立てることとされている（図6.3）。こうして、全国的な長期評価（Box 6.3）の実施による地震災害対策に向けた体制が構築さ

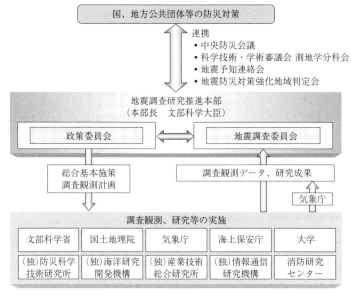

図6.3　地震のリスク評価体制と防災対策
（地震調査研究推進本部 HP を参考に作成）

27）泊次郎、前掲、425 頁。

れたといえる。ただし、東海地域の地震については判定会が引き続き地震発生について評価することになっており、政府は東海地域の地震発生の判定と全国規模の長期評価という 2 本柱を地震対策の基本的な政策方針とすることになった。

長期評価部会の検討の中身をみてみると、例えば陸域・沿岸域の活断層から発生する地震の今後 30、50、100 年以内の地震発生確率等が示されている。具体的な事例では、2015 年 2 月 9 日に公表された日奈久断層帯の地震発生確率は、30 年以内にほぼ 0 〜 16%、50 年以内にほぼ 0 〜 30%、100 年以内にほぼ 0 〜 50% という、きわめて幅の広いものであった。この数字は、過去のデータや調査研究等から地震活動記録を統計的に処理し、「今後ある一定期間内に地震が発生する可能性」を確率で表現したものである[28]。長期評価は、地震の科学的な研究および観測が行われてきた過去 100 年程度のデータを基にしつつ得られた結果で、幾つかの仮定を重ねたものであり、同本部のホームページには、地震発生確率値は不確定さを含んでいると記載されている。

Box 6.3　長期評価とは

　主要な活断層で発生する地震や海溝型地震を対象に、地震の規模や一定期間内に地震が発生する確率を予測したものを「地震発生可能性の長期評価」（長期評価）と呼ぶ。（地震調査研究推進本部ホームページからの抜粋）

判定会会長の辞任

　こうしてわが国では阪神・淡路大震災を契機に全国的な地震調査研究の実施と長期評価を行うことになったが、東海地震の予知をミッションとする地震防災対策強化地域判定会も存続した。しかし科学的な立場からは、同判定会を中心とする地震予知の体制には無理があったと考えられる。そのことを象徴したのが、1992 年に判定会会長に就任した茂木清夫の辞任という事件である。茂木は、判定会の地震予知における白黒の二者選択は現実的でないとして、注意情報のような灰色判定の必要性を主張していた[29]。だがそのような灰色判定は現

28）地震調査研究推進本部のホームページから引用。

行の地震予知を前提とした大震法の趣旨に沿わないとして見送られたため、これを理由に1996年に茂木は判定会会長を辞任したのである。

先述したように、判定会はもともと東海地震に対する国民の不安の高まりを背景として、科学の実態から離れた形で作られた組織だった側面が強いが、1990年代に入ってもそのような性格は変わらなかったといえよう。当時、地震予知に関する最新の科学的情報を把握し、科学の不確実性と誠実に向き合おうとしていた科学者の主張と、政治・行政の動きとが依然として十分かみ合っていなかったとみることができる。

しかしその後も、東京大学教授の廣井脩が茂木と同様の見方を表明するといった動きがあった。廣井の主張は、警戒宣言後では大量の帰宅困難者が出る恐れがあるため、警戒宣言を出す基準に達する前に注意情報を出す必要性があるというものだった[30]。廣井らの提言を受けて、1998年に気象庁は東海地域の地震・地殻活動に関する情報として地震予知情報、観測情報、解説情報の三つに分類して公表することとした。

そして、2002年にトヨタ自動車の本部や工場を含む愛知県広域などが東海地震で大きな被害が予想される地域に入り、警戒宣言が出された場合の社会・経済的影響はそれまで以上に大きくなった。そこで政府は、被害低減に向けて2003年7月末、大震法を廃止しないまま東海地震の地震防災計画の見直しを行い、地震予知を黒か白かのこれまでの2段階判定から、注意情報を含む3段階判定へ移行することを発表した。この注意情報は、観測された現象が東海地震の前兆現象の可能性が高まった場合に発表される情報である。これにより、政府の地震対策の体制は地震予知の科学の高い不確実性を踏まえた現実的な方向へとわずかながらシフトしたといえる。判定会会長を辞任した茂木ら科学者が主張した科学的不確実性を踏まえた灰色判定は、ここにようやく実現した。

東日本大震災——科学者の役割に関する議論

このように阪神・淡路大震災を受けて大きく変更された地震災害への取組みは、2011年3月11日に東日本大震災が発生するとまた変更される。このとき

---

29) 茂木清夫『とらわれずに考えよう——地震・火山・岩石破壊』、古今書院、2008年。
30) 廣井脩「転換点にきた『地震予知』」、『UP』（東京大学出版会）1997年6月号。

124　　第Ⅱ部　科学的助言の事例

には東京電力福島第一原子力発電所事故とともに、地震調査研究のあり方に国民の関心が集まり、政府や学会はこれまでの地震予知への取組みについて再考を迫られた。

　まず、政府が公表する地震や火山噴火の予知に関する計画および中央防災会議などの会議の名称から「予知」の2文字が消えた[31]。こうした「予知」外しは、前述したように阪神・淡路大震災後にも行われている。さらに、2012年に中央防災会議の調査部会で、南海トラフの大規模地震の規模および発生時期の予測可能性に関する科学的知見の収集・整理が行われた。その報告では、「国際的には前兆現象に基づく確実性の高い地震予測は困難との認識がある。このような状況の中、東海地震に関する情報の発表の根拠や内容および大規模地震対策特別措置法で定められる警戒宣言が発表された際の地震防災応急対策の内容が、現在の科学の実力に見合っていないという認識が強まっている」と述べられている[32]。大震法制定以降、政府が唯一予知可能としてきた東海地震について、その情報発信の根拠や内容と科学の実態とに隔たりがあることが示唆されたといえる。

　一方、日本地震学会ではこの地震をきっかけに、地震研究者や学会のあり方に関する議論が盛んに行われた。特別シンポジウムの開催や、学会改革に向けた行動計画2012の公表などが行われている。シンポジウムの意見書集では、「学問的に合意が得られている知見と、そうではなく不確実なことを、きちんと分けて社会に説明する必要がある」、「未成熟な段階で発生予測の情報を社会に発信するには、それなりの注意と工夫が必要である」、「危険性を認識することができるのは地震研究者だけという場合が少なくないので、地震学会はそれを指摘して注意する必要があるだろう」との意見が示された[33]。地震研究者たちが、社会における科学と行政のそれぞれの役割をあらためて問い、科学的知見の社会への発信の仕方について問題意識を強めたことが窺える。

---

31) 黒澤大陸『「地震予知」の幻想―地震学者たちが語る反省と限界』、新潮社、2014年。
32) 南海トラフ沿いの大規模地震の予測可能性に関する調査部会「南海トラフ沿いの大規模地震の予測可能性について」、2013年5月。
33) 長谷川昭「地震学研究者・地震学コミュニティの社会的役割―行政との関わりについて」、石橋克彦『「地震学会は国施策とどう関わるのか―地震学研究者・コミュニティの社会的役割とは何か』について」、公益社団法人日本地震学会東北地方太平洋沖地震対応臨時委員会編「地震学の今を問う」2012年5月、18-21、22-25頁。

第6章　地震予知　　125

今後政府は、こうした科学者側からの問題意識や意見を適切に受け止め、エビデンスに基づいて地震予知に関連する体制やリスク評価の方針を確立していくことを求められるだろう。これまでは、地震災害に関する当面の国民の不安の解消を目指すあまり、地震予知の高い不確実性への配慮が不十分であったようにみえる。地震予知の科学の高い不確実性と向き合い、行政と科学者とが対話を重ねつつ、国民の理解と信頼の下に対応を図っていくことが必要と考えられる。

ラクイラ地震の経緯と学び──科学者の法的責任

　こうしてわが国では、東日本大震災を経て、地震の兆候を事前に確実に把握することは困難であるという認識が広まり、地震学会では地震研究者の役割や責任のあり方に関する議論が起こっていたが、ちょうどその頃、2011 年 10 月に、イタリアでラクイラ地震への対応をめぐって地震科学者らが実刑判決を受けるという事件が起こった（Box 6.4）[34]。

　この判決は、日本でも大々的に報道され、判決から数週間の間に日本地震学会や日本地質学会、日本地球惑星科学連合が、ラクイラ地震における有罪判決の結果に関する声明をそれぞれ発表した。それらの声明では、地震危険度判定へ地震研究者が参加した結果、刑事責任を被ったことへの強い懸念が示された。さらに、地震防災対策強化地域判定会の阿部勝征会長は、記者会見で「自分や気象庁長官が実刑判決を受けたようなもの。研究者がなぜ実刑を受けなければならないのか、よくわからない」と発言している[35]。判定会は気象庁長官の私的諮問機関であり、行政機関の意思決定にあたって意見を述べるが、その答申に法的拘束力はないため、判定会委員である科学者が法的責任を負うことはないと考えられる。しかし阿部は地震研究者を代表して、科学と政治・行政との関わりにおいて重大な懸念が生じかねないことに対する危惧を示したものとみることができる。

　なお、イタリアでの判決に対してこのような見解を示したのは日本の地震研究者だけではなく、諸外国でも地震予知の責任を科学者に負わせることへの懸

---

34) OECD, "Scientific Advice for Policy Making: The Role and Responsibility of Expert Bodies and Individual Scientists," April 2015.

35) 読売新聞、2012 年 10 月 24 日。

126　　第Ⅱ部　科学的助言の事例

Box 6.4　ラクイラ地震の経緯[36]

　イタリアのラクイラ地方は、もともと地震が多いところではあるが、大地震の数か月前から断続的に小規模の地震が多発していた。2009 年 3 月上旬には独自に地震予知情報を出す学者も現れ、ラクイラ市とその周辺は軽いパニック状態になっていた。そこでイタリア政府の市民保護庁はラクイラ地方の群発地震に関する対応方策を練るため、大災害委員会を召集することとした。同委員会は、国立地球物理学火山学研究所（INGV）から地震活動などのデータと情報を受け取り、それらの評価を実施する。大災害委員会の評価等を踏まえて、市民保護庁が必要な対策を判断し、防災や減災に関する情報を市民に伝えることとなっている。

　2009 年 3 月 31 日、大災害委員会がラクイラ市内で開催された。出席者は 4 名の委員と INGV からの情報提供者 1 名、それから市民保護庁の 2 名の関係者に加えて、ラクイラ市長や州評議員であった。

　この大災害委員会開催前に行われた会見で、委員会のオブザーバーであったデ・ベルナルディニス市民保護庁副長官は、危険はまったくなくエネルギー放出が続いており、状況は好都合であると発言している。また、同委員会開催後のインタビューで、委員会に参加した 4 人（デ・ベルナルディニス副長官、ラクイラ市長、州評議員、大災害委員会副委員長）は、群発地震が大地震の前兆であるという科学的証拠はないということを強調した説明を行っている。こうした一連の発言に関する報道から、地域住民は政府が大地震の兆候はないという安全宣言を行ったと受け止めた。しかし、この発言から 6 日後の 2009 年 4 月 6 日、ラクイラ市をマグニチュード 6.3 の地震が襲い、300 人以上の犠牲者が出た。

　このラクイラ地震発生から 1 年後の 2010 年 6 月、ラクイラの検察当局は、大災害委員会に出席した科学者ら 7 人について、過失致死の疑いで捜査を開始した。そして翌年 2011 年 5 月、大災害委員会の科学者らの言動により犠牲者が出たなどとして、ラクイラ地裁の予審判事がこの 7 人を過失致死罪で起訴した。同年 10 月、ラクイラ地裁は、7 人に禁錮 6 年の有罪判決を言い渡す。

　その後、2014 年 11 月に二審の裁判が行われ、ラクイラ高裁は、証拠不十分として科学者 6 人に逆転無罪判決を、報道陣に「安全宣言」をした当時の政府防災局のデ・ベルナルディニス副長官に禁錮 2 年の執行猶予付きの判決を言い渡した。2015 年 11 月の上告審判決もこれを支持し、科学者らの無罪は確定した。

---

36) OECD, "Scientific Advice for Policy Making," p. 29. 纐纈一起・大木聖子「裁かれた科学者たち —ラクイラ地震で有罪判決」、FACTA Online 2013 年 2 月号。http://facta.co.jp/article/201302018.html

第 6 章　地震予知　　127

念が多数示されている[37]。第2章でも述べたように、OECDによる科学的助言に関する検討においても、ラクイラ地震の事例をもとに科学的助言者の法的責任の問題について踏み込んだ検討が行われた[38]。

　本章でみてきたわが国の地震予知体制の形成の歴史的経緯をラクイラ地震の事例に照らしてみれば、科学と政治・行政の役割領域の定義と科学の不確実性の取扱いがきわめて重要であることが浮かび上がる。1978年の大震法制定時、当時東海地域判定会会長の萩原尊禮は地震予知の難しさを述べつつ、地震予知体制・制度の整備は行政的な判断で行うべきとして科学と行政とを分離するスタンスを示した。1992年に地震防災対策強化地域判定会会長に就任した茂木清夫は、地震予知の科学の不確実性と向き合い、科学者としての立場から判定会の評価方式の変更を主張した。これらの科学者のスタンスは、科学と政治・行政との距離のとり方について一定の見識を示したものであったといえるだろう。地震予知の困難さに関する理解が広く共有されるようになった東日本大震災以降のわが国において、科学的助言者と政府との役割分担について実務面でも法的な面でも慎重に明確化を図り、ラクイラ地震の折に内外で表明された懸念が生じないような制度を確立していく必要があろう。

3　まとめ——科学の意味や限界を伝える役割と責任

　地震対策の分野では、地震予知に関する科学的知見が高い不確実性をもつこと、地震災害が社会・経済に対して多大な損害を与える潜在力をもちその予知に対する社会的期待が非常に強く政治的な関心も高かったことなどから、適切な科学的助言体制の構築が特に困難であったとみることができる。1970年代に

37）米国科学振興協会（AAAS）の広報担当者で地質学者のブルックス・ハンソンは、この判決を受けてイタリアの科学者は将来、リスクを誇張し、国民に過度の警告を発したり、あるいは何も言わないという過ちを犯す可能性があると指摘した。米スタンフォード大学のグレゴリー・ベローザ地球物理学教授は、判決には失望したとしながらも、科学者は今後もリスクをうまく国民に伝え続ける必要があるとし、「われわれに必要とされるのは地震に関する現段階での知識—われわれが知っていること、あるいは知っていると思っていること—を正確に伝えることだ」と述べた。さらに、気象予報サービスの米アキュウェザー・エンタープライズ・ソリューションズ社のマイク・スミス上級副社長によると、米国でも気象庁（NWS）や気象学者が不正確な予報で訴えられたケースがいくつかあるが、責任を認めた判決はないとしている。（ウォール・ストリート・ジャーナル日本版、2012年10月23日）

38）OECD, "Scientific Advice for Policy Making."

は、東海地震への国民の恐怖の急激な高まりに応じて、地震予知が可能であることを前提にした対策が図られ、地震予知が国家的なプロジェクトとして推進された。当初、このような政府の対応は、海外での予知成功事例の報告もあったことから、順調に進むかのようにもみえたが、1995年の阪神・淡路大震災時に事前予知ができなかったことを契機に政府の地震災害への対応は変化した。地震予知の難しさを踏まえ、全国規模の長期評価を重視する方向へとシフトしたのである。しかし従来の大震法の枠組みに基づく地震予知の取組みも依然として継続されることとなった。

　2011年の東日本大震災後には、東海地域の地震予知に関する科学の限界を示唆する公的文書も出されるようになった。地震研究者の側でも、地震災害への対応のあり方や科学者の役割に関する議論が始まった。その議論のなかでは、科学的助言者は政府の求めに応じた科学的知見を提供するだけではなく、その意味や限界を正確に伝えることも重要な役割であるという認識も共有されるようになってきている。

　科学的助言者による科学的助言の伝達がうまくいかなかった場合にどのようなことが起きるかの極端な例となったのは、イタリアのラクイラ地震の事例である。科学的助言者の法的責任が問われたことは、世界の科学者に衝撃を与えた。国によって法体系は異なり、日本では科学的助言者が法的責任を負うことは考えにくいが、科学的助言者の潜在的な法的責任の問題に留意しつつ、科学と政治・行政の役割領域を慎重に定義しておくことは重要であろう。

　わが国で1960年代から地震災害の被害低減のため政府主導で始まった地震予知に関する取組みは、二つの大震災の発生を通じて科学の限界を受けとめたものへと変わってきているといえる。歴史的にみると、地震予知に関する体制整備が進められてきた過程では、政府は地震予知の科学の実態を理解し徹底的に向き合うことよりも社会的要請に応えることを重視し、一方で地震研究者は地震科学の限界を適切に伝達することへの配慮が不十分であったとみることもできる。今後は、社会的要請と科学的見解の双方にバランスよく配慮した地震災害低減のための仕組みとはどのようなものか、科学と政治・行政がともに考えデザインしていくことが求められている。

第6章　地震予知　　129

第7章　地球温暖化
——国際的な科学的助言体制の構築

　地球環境問題に関する意識は 1970 年代以降世界的に高まり、1980 年代には各国が連携してオゾン層破壊や地球温暖化などの課題に関する国際的な取組みを進めるようになった。そして特に冷戦終結後は、グローバル化が急速に進行し、地球環境問題に関して国際的な連携を進める政治的環境も整ってきた。第3章でも述べたように、近年では他の地球規模の課題として、感染症対策や情報セキュリティなども重要性を増してきており、国際的な場面で科学と政治が手を携えてアクションを起こすことがますます求められるようになっている。いまや科学的助言の舞台は各国の国内から国際的な場へと拡張してきたのであり、国際的な枠組みのなかでうまく機能する科学的助言の制度的・組織的メカニズムを実現することが大きな課題になっている。

　本章では、地球規模の課題のなかでも最も複雑で深刻、かつ注目を集めてきたものの一つである地球温暖化を取り上げ、それに関わる科学的助言の形態をみていきたい。1980 年代後半にこの問題が世界的に議論され始めるようになってから、国際的な場での科学と政治との協働は急速に進展し、一定の目に見える成果も生み出されてきた。しかし同時に、その本質的な困難さが次第に露呈し、国際的な科学的助言というものがもつ限界もみえてきた。科学的助言のスキームとしては相当に有効なシステムが存在しても、国際政治の現実のなかで、助言の内容を実施することには大きなハードルがあることが分かる。

1　科学的助言体制の成立

科学者による問題提起

　大気中の二酸化炭素の濃度上昇により地球の熱収支バランスが崩れ、地球が温暖化する可能性があることをスウェーデンの科学者スバンテ・アレニウスが

提唱したのは 1896 年のことである。しかしそのようなことが現実に起きるのか、それがどの程度深刻な影響をもたらしうるのかは非常に困難な科学的問題であり、長い間手つかずだった。ただし、1957 年には米国スクリプス海洋学研究所のチャールズ・キーリングが、ハワイのマウナロア観測所での観測結果を基に長期的な二酸化炭素濃度の上昇傾向を明確に示すなど、インパクトのある発見もあった[1]。

1970 年代に入ると世界的に異常気象が頻発したこともあり、米国を中心に

Box 7.1　気候変動問題への対応をめぐる略年表

1979 年 2 月	第 1 回世界気候会議（ジュネーブ）。気候変動研究の推進を提言
85 年 10 月	フィラハ会議で科学者らが地球温暖化の見通しに合意、国際的な対策を要請
88 年 6 月	米国 NASA のジェームズ・ハンセンが地球温暖化について議会で証言
88 年 6 月	G7 サミット（トロント）とあわせて気候変動に関する国際会議を開催
88 年 11 月	IPCC 設立
90 年 8 月	IPCC 第 1 次評価報告書
90 年 12 月	国連総会において気候変動に関わる条約交渉開始が決議
92 年 5 月	気候変動枠組み条約採択（1994 年 3 月発効）
92 年 6 月	国連地球サミット（リオ・デ・ジャネイロ）
95 年 3 月	気候変動枠組み条約第 1 回締約国会議（COP1）、ベルリン・マンデートに合意
95 年 12 月	IPCC 第 2 次評価報告書
97 年 12 月	COP3 において京都議定書が採択
2001 年 3 月	米国が京都議定書からの離脱を表明
05 年 2 月	京都議定書発効
07 年 10 月	米国ゴア前副大統領とともに IPCC がノーベル平和賞受賞
09 年 9 月	国連気候変動サミット（ニューヨーク）
09 年 11 月	クライメートゲート事件
09 年 12 月	COP15（コペンハーゲン）にてポスト京都議定書の枠組み合意に失敗
10 年 3 月	国連と IPCC は IAC に対し IPCC のレビュー実施を依頼（8 月報告書完成、公表）
11 年 11 月	COP17（ダーバン）にて限られた国による京都議定書の単純延長に合意
15 年 12 月	COP21（パリ）にてパリ協定が採択

気候への関心が高まる。しかし、当時は地球はむしろ寒冷化に向かっているという見解もあり、1979年に世界気象機関（WMO）の呼びかけで幅広い分野の科学者ら約350名が集まって開催された第1回の世界気候会議でも地球温暖化に関する明確な結論には至らなかった。同会議では気候変動問題への対応を目的とした世界気候計画（WCP）が構想され、その一部として世界気候研究計画（WCRP）が発足し、気候変動に関連する研究がスタートする。

その後、WMOは国連環境計画（UNEP）や国際学術連合会議（ICSU、現国際科学会議）とともに1980年および83年にオーストリアのフィラハで国際ワークショップを開催、世界の科学者間の議論を深めた。そしてついに1985年のフィラハ会議において、科学者らが地球温暖化の見通しについて合意に達し、各国政府に対して国際的な対策を要請する。これが、地球温暖化問題に関する科学者コミュニティから政治に対する最初の明確な問題提起となった。

IPCC の誕生

フィラハ会議の結果を受けて、当時のUNEP事務局長モスタファ・トルバは、WMOやICSUと協力して地球温暖化対策のスキームを作ろうとした。その際に必要不可欠だったのは、WMOやUNEPの活動に大きな影響力をもつ米国との協議である。当時米国ではすでに環境保護庁やエネルギー省が気候変動に関する知見をかなり蓄積してきていたが、両省庁を含む関連機関のこの問題に関する立場はばらばらだった。特にエネルギー省は、行政官を含まず科学者のみの集まりであったフィラハ会議の結果は公式の国際的枠組みを作る根拠としては弱いと主張した。結局、米国は、国内で科学的な検討をさらに積み上げる一方で、国際的にはもう少し時間をかけて検討しながら具体的なアクションに向けた道筋をつけるために科学的評価を行う公式の「政府間メカニズム」を構築するという妥協案に落ち着く。この案をベースにWMOおよびUNEPは1988年11月、気候変動に関する政府間パネル（IPCC）を創設した[2]。

---

1) Bert Bolin, *A History of the Science and Politics of Climate Change: The Role of the Intergovernmental Panel on Climate Change* (Cambridge: Cambridge University Press, 2007), pp. 4-8. スペンサー・R・ウォート『温暖化の〈発見〉とは何か』増田耕一・熊井ひろ美訳、みすず書房、2005年。

2) Alan D. Hecht and Dennis Tirpak, "Framework Agreement on Climate Change: A Scientific and Policy History," *Climate Change* 29 (1995), pp. 371-402; Shardul Agrawala, "Context and Early Origins of the Intergovernmental Panel on Climate Change," *Climate Change* 39 (1998), pp. 605-620.

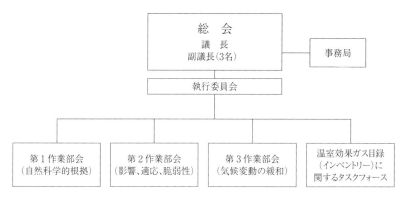

第1作業部会：気候システムおよび気候変化の自然科学的根拠についての評価
第2作業部会：気候変化に対する社会経済および自然システムの脆弱性、気候変化がもたらす好影響・悪影響、並びに気候変化への適応のオプションについての評価
第3作業部会：温室効果ガスの排出削減など気候変化の緩和のオプションについての評価
温室効果ガス目録に関するタスクフォース：温室効果ガスの国別排出目録作成手法の策定、普及および改定

図 7.1　IPCC の組織

　IPCC は気候変動とそれに伴う影響や対策に関する自然科学および社会科学の知見をとりまとめ、「評価報告書」などの形で国際社会に発信することを任務とする。その科学的助言組織としての大きな特徴は、フィラハ会議などとは違って、科学者だけの組織ではなく行政官も入っていることである。しかもそれらの科学者や行政官は、先進国、発展途上国双方をバランスよく含む各国政府によって指名される。したがって、IPCC から政治的影響を排除することは最初から意図されておらず、むしろ科学的見解に政府が一定の形で関与することにより参加国が受け容れやすいものになり、また各国政府が無視できないものになる仕組みになっていた。

　IPCC は三つの作業部会（および一つのタスクフォース）から成り、各作業部会は数百名の専門家を執筆者として世界各国の気候変動に関する研究成果を調査・評価する（図 7.1）。報告書作成の過程では、さらに多くの専門家が査読者として関与し、内容の正確さを担保する。各作業部会がそれぞれ作成した報告書は、それを基に世界の政策決定者が目を通すべき「政策決定者向け要約」にまとめられる。さらに、各部会の報告書をまとめた統合報告書とその政策決定者向け要約も作成される。

第 7 章　地球温暖化　133

IPCCに参画する行政官は、特に気候変動による環境・社会経済上の影響および適応方策（第2作業部会）や気候変動の緩和のために取りうる対処方策（第3作業部会）に関する検討には積極的に参加した。特に、数千頁にも及ぶ報告書を数十頁の政策決定者向け要約にまとめる際には政治的考慮がしばしば入り込むこととなった。IPCCの第1次評価報告書（1990年公表）の第2作業部会の検討に深く関与した日本人研究者の言によれば、この要約作成こそが科学と政治がせめぎ合う場であったという。「要約原案を一行一行検討し要約づくりをする部会は、まさに科学を政策に伝える現場である。……ところがここでは科学の論理は通用しない。出席者は政府を背負う外交官であり、ロビイストであり、NGOである」[3]。予見をもった政治的発言や議論の引き延ばし戦術がまかり通るなかで、政策決定者向け要約が妥協の産物として合意されたという。このプロセスは、気候変動分野におけるリスク評価側とリスク管理側の相互作用のメカニズムであるとみることもできよう。

とはいえ全体としてみればIPCCの存立基盤は科学であり、IPCCはその科学的正当性に対する支持を国際社会で成功裏に獲得した。IPCCの初代議長であるスウェーデンの気象学者バート・ボリンはさまざまな場で科学的健全性（scientific integrity）の重要性を強調していたという[4]。また、IPCCは、政策形成に必要な科学的知見のとりまとめのみを行い、各国や国際社会が何をなすべきかの提言は行わない、という自己抑制的な特徴ももっていた。すなわち、IPCCは「政策に関連するが政策を規定しない情報（policy-relevant but not policy-prescriptive information）」を提示することを目標とした組織であった[5]。言い換えればIPCCはリスク評価と政策のオプションの作成までを行う組織であり、リスク管理の機能はIPCCから切り離されていたのである（第1章図1.3および図1.5を参照）。

国際世論の強まり

IPCC設立の頃から、世界的に地球温暖化への関心が急速に高まっていく。

---

3) 西岡秀三・川島康子「気候変動にみる政治と科学の対話」、『環境と公害』第27巻第2号、1997年、19-27頁。竹内敬二『地球温暖化の政治学』、朝日選書、1998年、38-43頁。

4) 近藤洋輝「日本における地球温暖化研究の意義と課題—科学的知見と社会のかかわり」、『天気』第58巻第2号、2011年2月、101-116頁。

5) IPCC, "Statement on IPCC Principles and Procedures," February 2, 2010.

134　　第Ⅱ部　科学的助言の事例

米国では1988年6月、航空宇宙局（NASA）ゴダード宇宙研究所長のジェームズ・ハンセンが、地球温暖化は99％の確率ですでに始まっていると議会の公聴会で証言した。米国ではこの証言を機に、地球温暖化が大きな政治的課題となる。一方、同じ月にカナダのトロントでは主要先進国首脳会議（G7サミット）が開かれたが、その閉幕直後に各国の科学者や政府関係者などが集まって地球温暖化に関する会議が開かれた。この会議では、「2005年までに二酸化炭素排出量を20％削減する」との目標を盛り込んだ宣言が、公式な位置づけをもつものではないが採択されている。

　こうして地球温暖化への対応を求める国際世論が高まるなか、IPCCは迅速に成果を出すことを期待された。ばらばらの価値観、利害、問題認識、科学的方法論をもつ各国関係者の間の見解のすり合わせは難航したが、IPCC設立から2年足らずの1990年8月、第1次評価報告書が完成する。同報告書では、今後も規制がなされなければ地球の平均気温は10年間あたり0.2〜0.5度上昇すると記された。地球温暖化に関する科学的知見には未だ不確実な部分も非常に多く残されていたが、世界の科学者コミュニティは各国政府の関与を得る形で短期間の間に強いメッセージを明確に発したのである。

　しかし、この第1次評価報告書の作成過程がどの程度妥当なものだったかについては疑問を呈する声もある。地球温暖化というきわめて複雑な現象について十分に学問的議論を深め、さらに学問分野を越えた検討を行ううえでは、2年弱という期間はあまりにも短かった。そもそもIPCCの活動は、当初から気候変動問題を国際政治アジェンダに乗せようという強力な流れのなかに組み込まれており、IPCCはそうした流れを裏付けるエビデンスを準備する役割を背負わされて誕生したという見方もある。ある日本人のIPCC関係者は、「自然を対象とした政治には、『儀式』としてのIPCCと『神託』としての評価報告書が一応の段取りとして必要」だったとしている[6]。つまり、IPCCが当時の国際的潮流に反して人為的な活動による地球温暖化のリスクは低いという結論を出すことはあり得なかったということである。このような見方からは、IPCCは、国際政治を動かしたというよりも、むしろ国際政治の流れを後押しする役割を担ったということができる。

6）西岡秀三・川島康子「気候変動にみる政治と科学の対話」。

2　科学に基づく政治的合意——京都議定書

迅速だった総論賛成

　IPCC による科学的見解の提示に応じて、国際政治の舞台における具体的な
アクションも本格化していく。すでに IPCC 設立直後の 1989 年 1 月、国連総
会は IPCC、WMO、UNEP に対して気候変動に関わる法的枠組みの検討を要
請していたが、その後 1990 年 12 月の国連総会で条約交渉開始が決議され、政
府間交渉委員会（INC）が設置された。きわめて異例だったのは、その際、こ
の困難が予想される条約交渉を 1992 年 6 月にリオ・デ・ジャネイロで開催予
定の国連地球サミットまでに完了する、という非常に厳しいタイムスケジュー
ルが付されたことである。世界的に環境問題重視への流れが一気に強まるなか、
条約交渉は強力な政治的推進力を得たのである。そして実際に、先進国と途上
国の間の先鋭な対立のために作業部会議長のポスト配分など手続き的な議論に
すら膨大な時間と労力を要したにもかかわらず、5 回にわたる INC 会合の開
催を経て 1992 年 5 月 9 日に気候変動枠組条約が採択される[7]。

　条約交渉には、非常に多様な問題認識と利害をもつ国々が加わった。先進国
のなかでも規制に前向きな欧州、さまざまな事情から慎重な日米、それほど危
機感をもたないロシア、そして発展途上国のなかでも資金援助の優先を主張す
る国、規制に強く反対する産油国、地球温暖化に非常に脆弱な島嶼国など、各
国の抱える事情により、それぞれの立場は異なった。

　このため、条約交渉では当初から激しい対立がみられた。「持続可能な開発」
などの原則にはあまり異論はなかったが、先進国に主要な責任を求める「汚染
者負担原則（PPP）」や、温暖化対策より経済発展が優先するとする「発展の権
利」には先進国が猛反発した。最終的には、「共通ではあるが差異のある責任」
という原則、すなわちすべての国が責任を共有するが負うべき責任の度合いや
責任を果たす能力は異なるという原則が確立される。また、条約には「開発途

---

7) Daniel Bodansky, "The History of the Global Climate Change Regime," in Urs Luterbacher and
　Detlef F. Sprinz（eds.）, *International Relations and Global Climate Change*（Cambridge, MA: MIT
　Press, 2001）, pp. 23-40; Hecht and Tirpak, "Framework Agreement on Climate Change."

136　　第 II 部　科学的助言の事例

上国の特別な事情への考慮」、「予防措置の原則（予防原則）」も書き込まれた。予防措置の原則とは、地球温暖化が人間活動の影響によるものか否かが科学的に証明されていなくとも、取り返しのつかない重大な影響が予想される場合には予防的に対策を実施すべきという考え方である。科学の不確実性を理由にリスクへの対策が延期されるのを防ぐ意味がある[8]。

　気候変動枠組条約では、二酸化炭素を含む温室効果ガスの排出削減の目標についても、先進国がそれぞれ必要な政策を措置することとはしたものの、1990年代の終わりまでに従前の水準に戻すことが条約の目標に「寄与するものであることが認識される」との非常に曖昧な表現になった。条約は、国連地球サミットの期間中だけでも 155 か国により署名がなされ、1994 年 3 月 21 日に発効するが、その内容は国際社会のアクションにはほど遠い総論的な内容にとどまったともいえる。この合意が重要な一歩であったことは事実だが、この時点ですでに含まれていた多くの矛盾と曖昧さはその後の国際交渉のなかで顕在化していくことになる。

ベルリン・マンデート

　気候変動枠組条約の発効後、1995 年 3 月には第 1 回締約国会議（COP1）がベルリンで開かれ、条約の実施に関する議論が始まった。いよいよ各論に踏み込む段階に入ったのである。COP1 では各国がそれぞれ立場を主張するなか、まずは 1997 年に開催予定の COP3 までに、2000 年以降の排出量目標を盛り込んだ「議定書または法的文書」を成立させる、というベルリン・マンデートと呼ばれる合意を発表する。そして、その COP3 の開催国として日本が名乗りを挙げた。

　条約と議定書のセットにより規制を行うこの方式は、オゾン層保護の国際的枠組みをなぞったものである。フロンガス等によるオゾン層破壊とそれがもたらす皮膚がんなどのリスクについては、1970 年代から科学者コミュニティにより指摘がなされ、1981 年に UNEP が条約の準備作業を開始、1985 年にウィーン条約締結、1987 年にはモントリオール議定書が採択されて急速に対策が進んだ経緯がある。そしてこのように規制が進む過程でさらに科学研究が進展し、

8）大塚直「環境法における予防原則」、城山英明・西川洋一編『法の再構築Ⅲ 科学技術の発展と法』、東京大学出版会、2007 年、115-142 頁。

第 7 章　地球温暖化　　137

オゾン層破壊が当初の想定よりも速く進んでいることが明らかになり、それに対応して規制も前倒しになるなど、科学と政治の間の連携も非常にうまくいった。

ただし、オゾン層の保護に関してこのようにスムーズに有効な対策が可能であったのは、フロンガスの生産事業者の数が限られていたこと、代替物質の開発が比較的容易だったこと、米国が強いイニシアチブをとったことなどの有利な要因があったからである。UNEP はこの勢いを借りて地球温暖化問題にも対応しようとしたわけであるが、それはオゾン層保護問題のような好条件には恵まれず、比較にならないほど困難な課題となった9)。

難航する日米の国内調整

ベルリン・マンデートを定めた COP1 につづいて、1996 年 7 月の COP2（ジュネーブ開催）では京都で開催予定の COP3 で定められる排出量目標に法的拘束力をもたせることが合意され、各国はその後も会合を重ね準備を急いだ。COP3 に先立ち、EU は比較的早い時期に先進国の温室効果ガス排出量を 2010 年までに 1990 年比で 15％削減するという案を出し、他の国もそれぞれ案を出したが、日本と米国は最後まで国内の調整がつかず苦境に立たされた。

日本では、環境庁（現環境省）と通商産業省（現経済産業省）との間の溝が最後まで埋まらなかった。環境庁側は、所管する国立環境研究所が、再生可能エネルギーの大幅導入や炭素税導入などにより 2010 年までに 1990 年比で 7 〜 8％の二酸化炭素排出量の削減ができると試算したのに対し、通産省側は、原子力発電の拡大を含めどう削減対策を積み上げても 3％の増加になると主張した。両者は、そもそもまったく異なるアプローチでそれぞれの主張を導き出していた。環境庁側はマクロモデルによるシミュレーションを行っていたのに対し、通産省側は導入可能な政策による削減効果の積み上げをベースに見通しを算出していたのである。両者ともに膨大な仮定を含んでおり、どちらがより妥当性をもつのかを論じるのは困難だった。

このように、日本としての削減目標を決める場面では科学は総合的な政策的判断のベースを提供する力をもたず、むしろ環境庁および通産省それぞれの政

---

9) Hecht and Tirpak, "Framework Agreement on Climate Change."

策的主張の支援材料となっていた感があり、リスク評価の独立性が確保されていたとはいえそうにない。そもそも、当時の国内の科学的知見の水準自体も、現在からみれば十分高かったとはいえない。結局、首相官邸サイドの政治的・外交的判断により、国際社会の目標としては5％削減としたうえで各国間に差異を設け日本の削減幅はより少なくなるような提案を行うこととなった。

　米国でも、石油業界をはじめとする産業界が先進国中心の二酸化炭素削減義務の設定に強く抵抗し、それに理解を示す共和党と、当時のクリントン・ゴア政権との間で対立が続いた。正副大統領がともに地球温暖化問題に強い関心をもっていたこともあって、米国も積極的な削減目標を打ち出すのではないかと期待されたが、政権内の調整を経て公表された目標は0％削減という、国際社会から受け入れられるとは到底考えられない数字であった[10]。

各論の棚上げによる合意

　日米欧の間に大きな隔たりが残るまま、COP3は京都で1997年12月1日に開幕する。各国の間に残った相違点は削減の数値目標だけではなかった。削減対象にメタンなど二酸化炭素以外の温室効果ガスをどこまで含めるか、排出量取引などの仕組みを議定書に組み入れるか否か、途上国に将来的な削減を求める条項を含めるかなど、幅広い事項が相互に絡み合い、合意がなかなか得られなかった。

　会議の終盤には、これらの点について日米欧を中心に高度に政治的な交渉がなされ、さまざまな提案が入り乱れる。そして会期最終日翌日の12月11日未明、各国に議定書案が配布された。その内容は、1990年を基準にして2008〜2012年の5年間の約束期間における平均の二酸化炭素を含む6種類の温室効果ガスの排出量を5％削減するというものであった。削減目標は国によって異なり、EUは8％、米国は7％、日本は6％であり、排出量取引などの「柔軟性メカニズム」も、未だ具体論は詰まっていない部分も多かったものの盛り込まれていた。

　そして、会議の最終盤、議定書案の交渉を取り仕切ったアルゼンチン出身のラウル・エストラーダ・オユイレラ全体委員会議長が、途上国の将来的な義務

10）竹内敬二『地球温暖化の政治学』、朝日選書、1998年、174-187頁。

について規定した条項を突然削除することを決める。これは、そのような途上国条項を入れることを前提として先進国側が当初想定されていたよりもかなり高い削減目標を打ち出していたことを考えれば、そうした暗黙の了解事項を破棄するきわめて強引な行動ではあったが、時間切れが迫るなか、途上国の支持をとりつけるためにはそれ以外の選択肢はないという判断だった。こうして議定書案は同日のうちに当時の日本の環境庁長官が議長を務める本会議にかけられ、全会一致で採択された[11]。

　京都議定書は、1985年のフィラハ会議から1988年のIPCC設立を経て10年余りの間、世界の科学者コミュニティが提示してきた科学的助言を基に成立した国際政治上の画期的な成果とみることはできる。気候変動問題への国際的対処の非常な困難さを考えれば、京都議定書がまとまったこと自体が国際社会の偉業といえるかもしれない。しかしながらCOPでの交渉の最終盤における展開の政治的加速は、各国の現実的な国内事情を度外視したものであった。すなわち、各国の国内では未ださまざまな意見があったにもかかわらず、それを置き去りにした形で政治的決着が図られたということである。もちろんIPCCは1990年と95年にそれぞれ第1次、第2次の評価報告書を公表しており、地球温暖化の見通しに関する統一的な見解を示していたとはいえるが、米国などではそれは国内の政治的合意を促すうえで非力だった。このように京都議定書が現実には相当程度に強引な政治的プロセスのなかで合意されたことが、のちのちの困難につながっていくことになる。

3　構造的問題の露呈

実効性の喪失

　京都議定書については当初から多くの問題点が指摘されていた。設定された削減目標はまったく政治的な産物であり、同議定書は「重要な第一歩」であるとはいえても、地球温暖化を緩和するために実質的な効果があるとはいえないものだった。その一番の原因は、すでに排出量シェアが大きく伸びつつあった

11）竹内敬二『地球温暖化の政治学』、189-219頁。

140　　第Ⅱ部　科学的助言の事例

発展途上国を規制枠組みに取り入れる仕組みがなかったことである。これでは先進国だけが、先行きの見通しなしにほとんど効果が見込めない努力を強いられることになってしまう。特に、歴史的に省エネ技術の導入を広範に進めてきていた日本にとっては、さらなる削減の余地が少ないため、ハードルが非常に高い削減目標が課されたといえる。

　また京都議定書合意後、各国は2008年からの約束期間開始に向け、その具体的な実施に関する交渉を粘り強く進めたが、その過程でも同議定書の実効性は弱まった[12]。例えば、ロシアは京都議定書の批准に慎重な姿勢をみせ、それを交渉材料にして経済的な利得を最大限引き出すことをねらった。もともと、ロシアは冷戦終結による経済の壊滅的打撃のため、1997年の時点ですでに1990年比で約25％の二酸化炭素排出減となっており、議定書中の0％減という数値目標を非常に容易に達成可能であるばかりか排出量取引により他国から多額の資金を得ることが目にみえていたが、議定書合意後の交渉をも優位に進め、排出量取引の制限を設けないことなど非常に有利な条件を勝ち取った。結果的に、各国からロシアに資金が渡ると同時に、ロシアと排出量取引を行う国の削減幅がその分縮小するので、世界全体でみたときの排出量抑制の抜け道になってしまった。ロシアはさらに、批准と引き換えに、同国の世界貿易機関（WTO）加盟に関するEUの支援をとりつけたともいわれる。

　しかしながら京都議定書の実効性を損ねることになった最大の要因は、2001年に米国が同議定書からの離脱を決めたことであった。もともと米国では、条約批准の権限をもつ上院が、京都議定書採択の5か月前の時点で、発展途上国の具体的なコミットメントがない議定書や米国経済を著しく損ねる議定書には署名すべきでない旨を全会一致で決議していた（Byrd-Hagel決議、法的拘束力は無し）。ところがゴア副大統領は、この決議にもかかわらずCOP3の場で大幅な譲歩を指示し、米国は京都議定書に同意したのである。このゴア副大統領の行動については、上院決議の重みを見誤っていたとの見方もあるが、実は米国が批准する見通しがないことを分かっていたうえでのものだったとする見方が強

---

12) 浜中裕徳編『京都議定書をめぐる国際交渉—COP3以降の交渉経緯』（改訂増補版）、慶應義塾大学出版会、2009年。

13) Jon Hovi et al., "Why the United States Did Not Become a Party to the Kyoto Protocol: German, Norwegian, and US Perspectives," *European Journal of International Relations* 18: 1 (2012), pp. 129-150. 加納雄大『環境外交—気候変動交渉とグローバル・ガバナンス』、信山社、2013年、18頁。

第7章　地球温暖化　　141

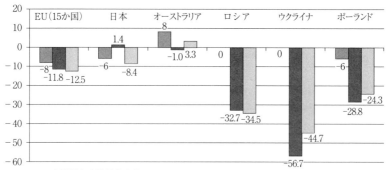

図7.2 京都議定書削減目標に参加した温室効果ガス主要排出国の目標達成状況（CO_2換算）
出典：国連気候変動枠組条約データ・資料より国立環境研究所温室効果ガスインベントリオフィス作成

い[13]）。そうであったとすれば、気候変動分野の初めての具体的な国際合意である京都議定書は、当時最大の二酸化炭素排出国であった米国の根拠なき支持に基づくものであったといえる。いうなれば、COP3においては国際合意にたどりつくこと自体が自己目的化し、実際にそれが機能し有効性を発揮するかどうかは十分に顧みられていなかったとみることができる。2011年にはカナダも、二大排出国である米国と中国が加わっていない京都議定書の限界を指摘し、離脱した。

　議定書に加わった各国についても、削減目標を実際に達成できるかどうか危ぶまれた。日本では約束期間前年の2007年度の時点で、基準年比6%の削減どころか8.2%の増加となり、目標達成は非常に困難と思われた。しかし翌年リーマン・ショックが起きたことにより排出量は急減し、結果的には排出量取引等を勘案すれば8.4%の削減と、目標をクリアすることができた。EUやオーストラリア等も目標を達成し、数字のうえでは京都議定書の約束が守られることになった（図7.2参照）。

　とはいえ全体としてみれば、京都議定書については最近ますます厳しい評価がなされている。IPCC自身が2014年4月に公表した第5次評価報告書（第3部会報告書）のなかでは、米国、中国等の不参加や排出量取引の機能不全などにより京都議定書は「意図されたように成功しなかった」と記述された。もち

ろんこれは同議定書採択から 17 年後の立場からみたときの評価であり、これをもって京都議定書を難じることは適当でない。そもそも今世紀に入ってからは、世界的にみて、地球温暖化対策への基本的なアプローチの主流が温室効果ガス排出削減の国別数値目標の割り当てを基本とするトップダウン型から、各国が自主的な削減目標にコミットするボトムアップ型に移行してきた。トップダウン型のアプローチでは、野心的な削減目標を掲げても必要な各国の参加を確保するのが困難になりがちだからである[14]。また、政治・社会・経済・技術システムの変革による気候変動への適応や、人為的な地球の熱収支の改変を目指す地球工学（ジオエンジニアリング）といった分野での技術開発こそを重視すべきだとする見方も強まってきている[15]。こうしてみると、京都議定書の限界は、人文社会科学分野を含む当時の科学的知見や技術開発が未成熟であったという制約によるところも大きかったといえる。

ポスト京都議定書の困難

　京都議定書は、国際合意としてはかろうじて機能したものの、そこに内在していた矛盾が次第に表面化し、それが同議定書の約束期間終了後の気候変動対策の枠組みの議論に深刻に影を落とすこととなる。京都議定書が発効した 2005 年には「ポスト京都」の議論が始まり、2009 年にコペンハーゲンで開催された COP15 での枠組み作りが目指されていたが、後述するように同会議では正式合意に至らなかった。この頃には G8 サミットでも毎回のように気候変動問題が主要議題として取り扱われるほど国際社会における政治的な問題意識も強くなり、2009 年には米国でオバマ政権が発足して気候変動問題に関しイニシアチブをとる姿勢を打ち出していたにもかかわらずである。COP が全会一致方式であることにも原因があるが、気候変動という人類にとっての巨大な問題をうまく取り扱うことができるほどには未だ科学技術、国際政治、そしてその間をとりもつ仕組みが成熟していないことが露呈した形となった。

---

14) Ottmar Edenhofer et al., "Identifying Options for a New International Climate Regime Arising from the Durban Platform for Enhanced Action," Issue Brief Based on the Proceedings of a Workshop Conducted by *The Harvard Project on Climate Agreements and The Mercator Research Institute on Global Commons and Climate Change*, October 2013.

15) Gwyn Prins and Steve Rayner, "Time to Ditch Kyoto," *Nature* 449 (October 25, 2007), pp. 973-975.

第 7 章　地球温暖化　143

気候変動の科学の信頼性の危機

　気候変動に関する科学的助言組織である IPCC は、2000 年代に入ってますますその権威を増した。IPCC が数年おきに公表する評価報告書は信頼すべき科学的根拠としての地位を確立し、COP での議論の基盤を提供した。評価報告書以外にも、COP のニーズに応じて特別報告書や技術報告書などを迅速にとりまとめることによって、IPCC はその政策的有用性を拡大していた[16]。2007 年には、映画「不都合な真実」で地球温暖化問題への認識を広めた米国のゴア前副大統領とともに IPCC はノーベル平和賞を受賞する。

　ところがコペンハーゲンでの COP15 開催直前の 2009 年 11 月、気候変動の科学に対する社会的信頼を根本から揺るがす事態が起きる。IPCC に密接に関与する研究者が所属する英国イーストアングリア大学の気候研究ユニットのサーバーが何者かにハッキングされ、大量の電子メールや文書が流出したのである。メールのなかには、同ユニットの長が特定の時期の地球の平均気温の低下傾向を「トリック」を使って隠したというような記述があった。そこで、地球温暖化に懐疑的な論者らは、これが捏造等を行っている証拠だとして IPCC や気候変動研究者らを攻撃した。このいわゆる「クライメートゲート事件」は世界的な論争を巻き起こした。

　イーストアングリア大学は直ちに調査を開始し、英国議会下院も 2010 年 1 月に別途調査にとりかかった。これらの調査の結果、「トリック」という言葉は実際には捏造を意味したものではないなど、懐疑論者らの主張はあたらないとされ、国際社会では次第に動揺がおさまった。しかし国連はこの事態を重視し、IPCC への信頼を抜本的に立て直すことが必要と考え、事務総長名で 2010 年 3 月、IPCC と連名でインターアカデミーカウンシル（IAC）に対し IPCC の「手続きおよび作業過程に関する包括的な独立レビュー」を行うよう依頼した。IAC とは、国際機関に対して科学的助言を行う組織として 2000 年に設置された、各国のアカデミーが参加する組織である。IAC が同年 8 月に公表した報告書は、IPCC のこれまでの取組みについて全般的には成果を挙げていることを認めつつも、分析に用いる文献の取扱いや査読に関する手続きを厳格化するこ

---

16) Shardul Agrawala, "Structural and Process History of the Intergovernmental Panel on Climate Change," *Climatic Change* 39 (1998), p. 637.

となどを求めた[17]。これを受け、IPCC は透明性の向上をはじめとする自己改革のための取組みを進めた[18]。

IPCC への賛否

IPCC は、それまでも自らの科学的信頼性を高める努力をしていなかったわけではない。例えば、1990 年の第 1 次評価報告書作成の際には査読の実施に関する正式な手順は定められていなかったが、1993 年には査読者の選定方法や査読プロセス（専門家による査読と政策関係者などを含めた幅広い関係者による査読の 2 段階方式とすること等）に関する規則が定められ、1995 年の第 2 次評価報告書以降に適用された[19]。IPCC における査読は、世界各国からの膨大な専門家により行われており、その評価は一般的に高い。しかし、クライメートゲート事件に前後して、2007 年公表の第 4 次評価報告書の中の重要な箇所にジャーナリストや環境運動団体によって書かれた科学的信頼性に欠ける文献が引用されていたことなども明らかになった。IPCC の査読システムは十分には機能していたとはいえなかったのである。

だがクライメートゲート事件に際して実際に最も問題だったのは、関係した科学者らがデータの公開を拒むなど拙い対応をとったことであった。それは単に気候変動研究者らの独善的な態度が不信を買ったというだけではない。そもそも IPCC は、見方によっては、いわば気候変動に関する科学的知見の事実上の独占機関である[20]。そのような影響力の強い組織が、透明性や説明責任といったことがらについて低い意識しかもっていないという指摘もなされるようになった。IPCC は、その評価報告書が百数十か国からの数百名の著者によって書かれ、数千名の査読者の目を経たうえでのコンセンサスであることを強調する。しかし実際には世界の科学者のなかには地球温暖化に懐疑的な考えをもつ者も含め、さまざまな考えの者がいる。そうした科学者は IPCC の報告書作成

---

17) InterAcademy Council, "Climate Change Assessments: Review of the Processes and Procedures of the IPCC," October 2010.

18) Silke Beck, "Between Tribalism and Trust: The IPCC Under the 'Public Microscope'," *Nature and Culture* 7: 2 (2012), pp. 151-173.

19) Shardul Agrawala, "Structural and Process History of the Intergovernmental Panel on Climate Change," pp. 623-628.

20) Richard S. J. Tol, "Regulating Knowledge Monopolies: The Case of the IPCC," *Climatic Change* 108 (2011), pp. 827-839.

プロセスから排除されてしまっているのではないか、あるいは IPCC に関与している科学者の間にも報告書作成プロセスで同調圧力が働いているのではないか、といった指摘が出てきたのである[21]。

　ともあれ、IPCC に対する各国の政府や科学者の支持は根強く、IPCC はクライメートゲート事件という危機的状況を次第に脱し、気候変動の科学に対する社会的支持は回復してきた。特に日本では、IPCC は科学的見地から信頼できる将来予測を提示しているのであり、その予測に基づく警告に政治が従うのは当然であるという、絶対的存在としての IPCC のイメージがメディア等によって作り上げられてきた傾向があり、IPCC に対する信頼は確固としている[22]。国によって IPCC への認識に違いはみられるが、世界的にみて IPCC は全体として優れた科学的助言組織としての位置を確保してきたといえる。

モメンタムの低下

　京都議定書を引き継ぐ気候変動対策の枠組みへの合意を目指した 2009 年の COP15 は、クライメートゲート事件発生の直後ではあったが、日本の鳩山由紀夫総理大臣や米国のオバマ大統領をはじめ 110 人を超える各国首脳の参加を得て、交渉妥結への期待は大きかった。ところが首脳自身が関与しつつ文言調整が行われ「コペンハーゲン合意」が作成されたものの、全体会合で協議が紛糾し正式に採択されるには至らず、同合意に「留意」することが決定されるにとどまった。

　その後、米国や欧州の気候変動対策のモメンタムの低下もあり、COP での議論の焦点は 2008 〜 2012 年を約束期間とする京都議定書を延長することの是非にシフトしていく。日本は、すでに世界の 3 割弱の排出規模でしかない一部の先進国に規制を課すことには実効性がないとの立場から、京都議定書の単純延長には反対の立場を貫いた。結局、2011 年に南アフリカのダーバンで開催された COP17 では、日本・カナダ・ロシアが参加しない形で京都議定書を 2013 年

---

21) Mike Hulme, "Lessons from the IPCC: Do Scientific Assessments Need to be Consensual to be Authoritative?," in Robert Doubleday and James Wilsdon (eds.), *Future Directions for Scientific Advice in Whitehall*, Project Report, Alliance for Useful Evidence and Cambridge Centre for Science and Policy, pp. 142-147.
22) 朝山慎一郎・石井敦「地球温暖化の科学とマスメディア─新聞報道による IPCC 像の構築とその社会的含意」、『科学技術社会論研究』第 9 号、2011 年、70-83 頁。

以降も延長し、2015年までに2020年以降の新たな規制枠組みに合意するという目標が定められる。2012年のCOP18（カタール・ドーハで開催）では、さらにニュージーランドの不参加などにより、京都議定書の第2約束期間（2013〜2020年）において削減義務を負う国の排出量の世界シェアは15％程度となった[23]。

　このように近年、京都議定書のような合意が困難になっている理由としては、そもそもグローバルな政治経済構造の変化があるとする見方がある。すなわち、台頭する中国やインドとの競争に直面した米国のリーダーシップの低下がみられる一方で、発展途上国の間でも経済発展の度合い、気候変動への脆弱性、原油輸出への経済依存度などの点で相異なる事情を抱えた国々の間の溝が深まっている[24]。同時に、気候変動分野の科学的助言組織であるIPCCについても、1990年代には有効な警告を発することができたが、その後はときおり地球温暖化の潜在的深刻さを世界の人々に思い起こさせる役割を果たすだけで、国際社会への刺激となるようなインパクトをもつ発信ができているとは必ずしもいえないという見方もある[25]。

パリ合意——実効性の確保に向けて

　その後2015月12月には、パリでCOP21が開催され、2020年以降の気候変動対策の国際的枠組みを示すパリ協定が採択された。このパリ協定では、先進国に温室効果ガスの自主的な削減目標の提出を義務づけ、その達成状況等について5年毎にCOPの場で評価することとなった。途上国にも将来的に先進国と同様の形の目標を設定することを奨励することになり、一方で先進国から途上国に年間1000億ドルを下限とする資金支援を行うことが、法的拘束力をもつ協定ではなく、COP決定のなかに盛り込まれた。

　パリ協定のような包括的な合意が達成されたことを評価する声は多い。各国が定める自主的な目標は、次第に野心的なものへと更新されていくことも期待され、トップダウン的な京都議定書とはまったく異なるスキームにより、有効

---

23) 加納雄大『環境外交—気候変動交渉とグローバル・ガバナンス』、信山社、2013年、1-102頁。

24) J. Timmons Roberts, "Multipolarity and the New World (Dis)Order: US Hegemonic Decline and the Fragmentation of the Global Climate Regime," *Global Environmental Change* 21 (2011), pp. 776-784.

25) Peter M. Haas, "When Does Power Listen to Truth?: A Constructivist Approach to the Policy Process," *Journal of European Public Policy* 11: 4 (2004), pp. 569-592.

第7章　地球温暖化　147

な地球温暖化対策が展開されていく可能性もある。一方、途上国の参加に向けた具体的な道筋が必ずしも明確でないこと、自主性を重視したスキームが実際に有効に機能するのかどうか現段階では分からないことなどは懸念材料となりうる。パリ協定では、産業革命前と比べた今世紀末の世界の平均気温の上昇幅を「2度を十分に下回り、1.5度に抑える努力をする」という野心的な目標が注目されたが、この点を含め、同協定の内容は各国の強い反対を受けにくい、総論的な「決意表明」にとどまっているともいえよう。合意がなされたことそのものが、各国の政府や企業の取組みを促し、世界に気候変動対策に向かう機運を高めたことは間違いないが、その全体的な成否の行方はまさに今後の展開いかんであるといえるだろう。

4 まとめ──国際政治の現実と科学的助言の役割

地球温暖化対策における科学と政治との連携は、当初は非常に成功したが、1997年の京都議定書合意以降は次第にその限界をみせた。当初の成功は、後から考えればさまざまな要因に支えられていたといえる。一つには、1990年前後は冷戦終結の時期と重なっていたこともあり、国際社会の関心が安全保障から環境問題へと移行し、IPCCの科学的助言が受け容れられやすい素地があった。1992年の国連地球サミットまでに地球変動枠組条約を準備すべきといった強力な政治的推進力も働き、IPCCが1990年に第一次評価報告書を出してから7年後には国際社会のアクションプランともいえる京都議定書が合意に至る。これは、問題の複雑さ・困難さに照らせば相当素早い対応を国際社会がとることができたといえよう。IPCCも、科学者と政府関係者の双方で構成されていたことで、リスク評価から政策のオプションの作成までを一貫して担うことができ、科学的信頼性を保ちつつも政治的正当性をもちうる科学的助言を出すことができた。IPCCの組織設計は優れたものであったといえよう。

しかし実際には、京都議定書は、批准の見込みがほぼなかった米国が加わっていたことなど、合意時点から深刻な矛盾や問題をはらんだものだった。米国や中国が参加しないなかで京都議定書は曲がりなりにも機能したが、その実効性は著しく限られたものであったし、「ポスト京都」の議論は難航をきわめた。そもそも、京都議定書の削減目標は科学的根拠に基づいたものとはいえなかっ

た。その観点からは、当時すでに地球温暖化の分野における科学と政治との関係はうまく噛み合わないものになっていたといえよう。ひとたびリスク評価からリスク管理の領域に入ったとき、国際的な科学的助言システムはいよいよ現実的な困難に突き当たったとみることもできる。

IPCCの科学的知見は次第にその精度や確度を向上してきた。そのことにより政治的なアクションをサポートする役割を果たしてきたことは事実である。しかし、歴史的な流れ全体をみるならば、IPCCは当初は地球温暖化の問題を世界に知らしめる非常に重要な役割を果たしたものの、それ以上役割を拡大していくことは難しかったといえるのではないか。一般に、国際的な問題に関わる科学的助言は、当初は「警告者」として非常に重要な役割を果たすものの、その後の交渉においては役割を減ずることが指摘されており、IPCCも例外ではなかったといえよう[26]。

IPCCにとって大きな試練となったのは、2009年のクライメートゲート事件であった。それは、IPCCに疑惑の目を向けさせ、気候変動の科学の信頼性を低下させたということにとどまらない。クライメートゲート事件の際の問題はむしろ、IPCCのコミュニティの閉鎖性であった。IACによる勧告への対応などにより改善はなされてきているとはいえ、IPCCには自身の影響力を自覚したうえでの更なる改革が求められるだろう。

国際的な科学的助言に関わる問題はIPCCだけのものではない。世界保健機関（WHO）や国際原子力機関（IAEA）、それに2012年に設立された生物多様性および生態系サービスに関する政府間科学政策プラットフォーム（IPBES）など、各分野には国際的な科学的助言組織がある。それらの組織においても制度や体制を時代に沿って改革、改善していくことが求められるだろう。第3章で述べたように、国際的な科学的助言のあり方については世界的に関心が高まっており、分野を問わず科学と政治との間の協働をいかに進めていくかが今後重要な課題となっていくと考えられる。

---

26) Steinar Andresen, "The Role of Scientific Expertise in Multilateral Environmental Agreements: Influence and Effectiveness," in Monika Ambrus et al. (eds.), *The Role of 'Experts' in International and European Decision-Making Processes: Advisors, Decision Makers or Irrelevant Actors?* (Cambridge: Cambridge University Press, 2014), pp. 105-125.

第8章　科学技術イノベーション政策
——強まるエビデンス志向

　本章で扱う内容は、わが国の科学技術政策の策定の体制とプロセス、すなわち「Policy for Science」の科学的助言であり、第4章から第7章までで論じてきたさまざまな政策分野における科学的助言、すなわち「Science for Policy」とは異なるものである。序章で述べたように、科学的助言について論じる際にこの両者の区別を念頭に置くことは重要である。「Policy for Science」の議論においては、科学技術を諸分野の政策形成にどう活かすかではなく、科学技術をいかに推進しその成果を社会に実装していくかが主な問題となる。

　ただし、序章でも述べたように、科学技術政策ないし科学技術イノベーション政策（STI政策）という概念の範囲は実に広く曖昧である。この政策分野の最も大きなテーマの一つは、関連の政府予算の全体規模をいかに設定し、それをいかに配分するかということである。どの科学技術分野ないし研究開発課題に重点的に予算を配分するか、基礎研究と応用研究、実用化にどのような比重を置いて資金を投入するか、研究者や研究機関に安定的に資金を配分するかあるいは競争的に資金を配分するか、などは科学技術政策の根幹を成す課題である。しかし、例えば生命科学分野に重点的に資金投入するという方針を定めた場合、同分野の内部においてがん研究を特に重視するか、あるいは再生医療か認知症対策かといった議論は、科学技術政策と医療政策の両方にまたがってくる。また、大学や大学研究者に対する資金配分は高等教育政策に直接的に関わるものであり、応用研究や実用化を目的とした資金配分は産業政策と関係する。このように科学技術政策は、他の幅広い政策領域とさまざまな深度で関連し合いながら形成されていくという性格をもっている。

　科学技術政策の範囲は時代とともに変化するものでもある。今世紀に入ってからは、単に科学技術の推進ということにとどまらず、科学技術を通しての経済的・社会的な価値の創造を重視する観点からイノベーションの重要性が強調されるようになり、科学技術政策という用語よりもSTI政策という用語が一

150　第Ⅱ部　科学的助言の事例

般的になってきた。そして、価値創造のための方策として、研究開発の推進のみならず産学連携の推進、知的財産・標準化、税制や規制改革、公共調達・政策金融、そして科学技術外交まで、広範な政策課題がSTI政策の議論において重視されるようになってきた。政府全体の科学技術政策の司令塔である内閣府総合科学技術会議（CSTP）も2014年5月に総合科学技術・イノベーション会議（CSTI）へと名称変更され、そのミッションも拡大されている。

　本章では、科学技術政策分野の組織体制の成り立ちを概観したうえで、これまでこの分野の政策形成においてエビデンスがどのような役割を果たしてきたかを論じることとしたい。その際特に、1995年に制定された科学技術基本法に基づいて5年毎に定められる、STI政策分野の最も基本的な政策文書である科学技術基本計画の策定過程に着目しつつ、この分野の政策形成のダイナミズムをみる。上述したように科学技術政策という概念は多様な広がりをもつが、その本質は「科学技術への公的投資について説明責任を果たせるものとすること」にあるといえる。科学技術への公的投資がそれに見合うベネフィットないし恩恵をどの程度もたらしているのか、という点について国民の視線は一層厳しいものになってきている。だからこそ、この分野においてもエビデンスに基づく政策形成が強く求められているのである。

1　助言体制の進化

基本的な組織的枠組みの成立

　わが国では、1950年代後半に高度経済成長に移行した当時に確立した科学技術行政体制が、その後2001年の中央省庁再編まで40年以上にわたって維持された。この体制では、内閣総理大臣を議長とし関係閣僚および有識者5名を議員とする科学技術会議（1959年設置）が基本的・総合的な政策方針を策定し、その枠組みのなかで各省庁が施策を展開してきた。同会議の事務局は科学技術庁（1956年設置）が担当した（大学における研究に関わる事項に関するものについては文部省と共同処理）。当時の主な関係省庁としては、科学技術庁、文部省のほか、厚生省、農林水産省、通商産業省、運輸省、郵政省などがあり、それぞれが所掌分野の研究開発機関や審議会を擁していた。科学技術会議はこれら各省

第8章　科学技術イノベーション政策　　151

庁の科学技術関連の取組みを包摂する政策を策定する組織であったが、それだけにその答申等は一般的な内容にとどまる場合が多く、具体的な政策方針は各省庁の審議会で議論された。例えば海洋開発分野の政策は、海洋科学技術審議会（1961 年設置、1971 年に海洋開発審議会へと改組）で審議されていた。

　日本の科学者の内外に対する代表機関である日本学術会議（1949 年設置）も、広い意味で科学技術行政体制の一部を成してきた。日本学術会議は、政府とは独立の立場で、政府からの諮問に対する答申、提言などを行うことを任務とするが、組織的には政府機構の一部であって政府予算により運営される。同会議は、科学的立場からの助言を行う組織という位置づけであるが、政府の政策形成への関与の様態は歴史的に変化してきた。その初期には、同会議が提唱した民主・自主・公開の原子力 3 原則が原子力基本法に取り入れられるなど実質的に強い影響力がみられたが、その後は同会議の議論が政策形成の現場とはやや乖離したものとなっていた。2000 年頃からは科学的助言の実効性を向上させるための議論や取組みが進められ、会員選出方法の改革などを含む日本学術会議法の改正などが行われてきたものの[1]、今後一層その役割の拡大が期待されるところである。

省庁再編後

　わが国の科学技術政策分野の組織体制は、2001 年の省庁再編をもっていくつかの点で大きく変化した（図 8.1）。まず、科学技術会議は権限および組織を強化したうえで総合科学技術会議（CSTP）と改称し、内閣府に「重要政策に関する会議」として設置され、内閣および内閣総理大臣を助ける「知恵の場」としての役割を期待されることとなった。そもそも、内閣府は、内閣を助ける事務（内閣補助事務）と各省と横並びで行政の一部を分担する事務（分担管理事務）の二つの機能を有する機関であるが、CSTP は前者に該当する。「内閣の重要政策に関する行政各部の施策の統一を図るために必要となる」事務を行うのである[2]。前述したように CSTP はさらに 2014 年に CSTI へと名称変更された。

　2001 年の省庁再編時にはまた、文部省と科学技術庁の統合により文部科学省が誕生するとともに、元の両省庁の数多くの審議会を束ねる形で科学技術・学

1）吉川弘之「新世紀の日本学術会議」、『学術の動向』第 7 巻第 1 号、2002 年 1 月、7-24 頁。
2）赤池伸一「総合科学技術会議について」、『研究 技術 計画』第 15 巻第 1 号、2000 年、18-23 頁。

152　　第 II 部　科学的助言の事例

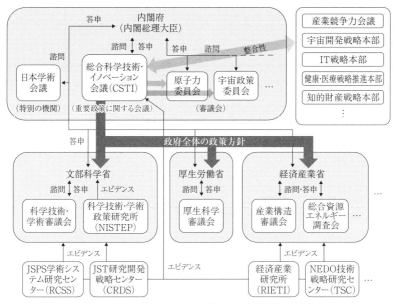

図 8.1 わが国の STI 政策関連の公的組織（2016 年）

術審議会が設置され、科学技術および学術に関する政策についての重要な助言組織となった。なお、日本学術会議は旧総理府からいったん総務省に移されたうえで、そのあり方を CSTP が再検討することとされたが、結局内閣府の「特別の機関」として存続することとなった。

省庁再編後の動きとしては、科学技術分野の政策形成を支えるエビデンスを産み出す調査分析組織ないしシンクタンク組織の充実を挙げることができる。文部科学省の科学技術政策研究所（NISTEP、2013 年に科学技術・学術政策研究所）はすでに 1988 年に設立されていたが、2003 年には同省所管の研究助成機関である日本学術振興会（JSPS）に学術システム研究センター（RCSS）が、科学技術振興機構（JST）に研究開発戦略センター（CRDS）が設置された。経済産業省所管の組織についても、2001 年に設立された経済産業研究所（RIETI）に加え、2014 年には新エネルギー・産業技術総合開発機構（NEDO）のなかに技術戦略研究センター（TSC）が置かれて、わが国の科学技術政策分野の公的なシンクタンク組織も強化され、多様化してきた。

司令塔 CSTI の性格

　このようにわが国にはさまざまな科学技術政策関連の組織が存在するが、それではこれらのうちどれが助言組織でどれが政策決定機関なのだろうか。まずCSTI は、内閣府設置法に定めるところの「重要政策に関する会議」であり、単なる「審議会」とは異なる位置づけにある。内閣総理大臣自らが議長を務め、関係閣僚および有識者が議員を務めることから、実質的に STI 政策の最高意思決定機関たる合議体であるとみることができる。形式的には内閣総理大臣または関係各大臣の諮問を受けることもあるため、助言組織であるともいえるが、実際には CSTI の答申等がほぼそのまま政府としての決定となる。しかしながら CSTI 本会議の下部にはさまざまな専門調査会が置かれ、具体的な政策の審議はそこでなされており、これら専門調査会には基本的に大臣等の政治家が参加することはなく、専門家による議論が行われていることから、これらの専門調査会は科学的助言組織としての性格をもっているといえる。すなわち、CSTIにおいては、実質的な科学的助言組織たる専門調査会からの報告を意思決定機関としての本会議が承認することによって政策決定を行うという構造になっているのである。

　次に、各府省の審議会はどうだろうか。一般に、審議会は所管府省からの諮問を受けて答申を行うわけであるから、少なくとも形式上は助言機関である。しかし現実にはほとんどの場合、審議会の答申がそのまま当該府省の決定となるため、実質的には意思決定機関としての意味合いが強くなっている。ただし審議会の運営にあたっては、事務局たる各府省が大きな役割を果たすため、その答申の内容等に対する当該府省の実質的影響力が強くなる場合が多い。

　なお、STI 政策分野では、各府省の審議会と CSTI との関係に留意が必要である。CSTI は内閣全体としての方針を定める場であるから、概念的には各府省の審議会の上位にあり、各府省の審議会の決定事項のうち科学技術イノベーションに関する部分は CSTI による決定事項との整合性を求められることになる。一方で、文部科学省科学技術・学術審議会などは CSTI が科学技術基本計画を策定するのに先立ち同計画のあり方についての見解をとりまとめており、実質的に CSTI への助言を行っている。

　このように、各府省の STI 政策に関連する審議会は CSTI に全体として包摂

154　　第Ⅱ部　科学的助言の事例

される形となっているが、CSTI からの独立性が比較的高い審議会もある。内閣府に置かれている宇宙政策委員会は、内閣総理大臣を本部長とし全国務大臣により構成される宇宙開発戦略本部が決定する宇宙基本計画の実質的な原案を作成し、それが基本的にそのまま決定されるため、宇宙開発分野での同委員会の位置づけは高いといえる。原子力分野でも以前は原子力委員会が高い位置づけをもっていたが、東京電力福島第一原子力発電所事故後は政府全体のエネルギー政策の大変動によりその役割は縮小した。また、例えば経済産業省の総合資源エネルギー調査会、環境省の中央環境審議会はそれぞれエネルギー基本計画、環境基本計画といった閣議決定文書に関する審議を行っており、CSTI の科学技術基本計画とは互いに整合性を図ることが必要になる。

　CSTI や各府省の審議会が助言機関としての側面と意思決定機関としての側面をあわせもっているとすれば、純然たる助言組織であるといえるのが日本学術会議である。日本学術会議は、科学者の視点から STI 政策に関しても（Policy for Science）、あるいはより幅広い政策課題に関しても（Science for Policy）助言を行う。同会議のほかにも先述した JST の CRDS や NEDO の技術戦略研究センターなど、いわゆる公的シンクタンクは助言組織とみなすことができる。さらに日本経済団体連合会（経団連）や産業競争力懇談会（COCN）なども STI 政策分野の政策提言を行っているが、それらは科学的助言では必ずしもなく、産業界の立場を反映した内容となっている。わが国の STI 分野の政策は、このように多様な組織が存在するなかで形成されているのである。

2　科学技術基本計画を支えるエビデンス

第 1 期——短期集中型の検討

　わが国では、1995 年に制定された科学技術基本法により政府に科学技術基本計画の策定が義務づけられたことで、まず 1996 年に第 1 期の科学技術基本計画が閣議決定され、その後 5 年毎に改定されてきた。同計画は策定後 5 年間のわが国の科学技術政策の枠組みを定めるものであるが、以下各期の計画の内容を振り返りつつ、その策定にあたってエビデンス、ないし科学的助言がどのように用いられてきたかをたどることとしたい。

1996 年の第 1 期科学技術基本計画は、科学技術基本法制定後わずか 7 か月という非常に短期間で審議、作成された。その内容は、公的研究機関等における研究者の任期制の導入、産学官連携の促進、厳正な評価の実施など、いわゆる「システム改革」の推進と、施設・設備の老朽化への対応、そして 5 年間で 17 兆円という政府研究開発投資の確保などを主な柱とするものだった。こうした内容の一部は、すでに 1992 年に定められていた総合的な政策文書である「科学技術政策大綱」を下敷きにした部分もあったが、計画策定の過程では科学技術会議の総合計画部会の下に設置された基本問題分科会で計 15 回の審議が行われ、国立大学協会、日本私立大学団体連合会、日本学術会議、日本経済団体連合会などからの意見を聞いた。一方で、審議に用いられたエビデンスは基本的に科学技術白書に掲載されている統計データ等であった。このように第 1 期科学技術基本計画は、短い作成期間のなかで、シンプルなエビデンスを用いつつ、ステークホルダーの意見を取り入れることを通じて策定されたのである[3]。

第 2 期──有識者ヒアリングと海外調査

　2001 年の第 2 期科学技術基本計画の作成にあたっては、第 1 期のときに比べてはるかに長い準備期間が確保された。第 1 期基本計画のフォローアップを行うための調査は、第 2 期基本計画策定のタイミングの 2 年半前の 1998 年 10 月から開始され、1999 年 8 月には科学技術会議政策委員会が四つの個別ワーキンググループ（WG）を設置して検討を進めた（科学技術目標 WG、知的基盤 WG、研究システム WG、産業技術 WG）。この調査検討の過程では、約 100 名の幅広い有識者からの意見聴取も行われている。また、科学技術庁内部には強力な事務局体制が構築され、調査検討を支えた。このような体制で第 1 期基本計画の中間地点での諸施策の推進状況や今後の課題が把握され、その結果は 2000 年 3 月、「科学技術基本計画に関する論点整理」としてまとめられた[4]。

　この論点整理を基に、総合計画部会で同年 12 月まで 10 回の審議が行われ、基本計画の案が作成された。そして 2001 年 1 月の CSTP 発足を受け、あらた

　3）城山英明他『政策及び政策分析研究報告書─科学技術基本計画の策定プロセスにおける知識利用』、財団法人政策科学研究所平成 19 年度内閣府経済社会総合研究所委託事業「イノベーション政策及び政策分析手法に関する国際共同研究」成果報告書シリーズ No. 3、2008 年、48-53 頁。
　4）同上、53-58 頁。

156　　第Ⅱ部　科学的助言の事例

めて内閣総理大臣から諮問が行われ、最終的な答申が完成、閣議決定に至る。

第2期基本計画の最大の特徴は、基礎研究の重要性を強調しつつ、国家的・社会的課題に対応した研究開発については重点的に推進する分野が指定されたことであった。すなわち、ライフサイエンス、情報通信、環境、ナノテクノロジー・材料の4分野に対して重点的に予算配分を行う方針が明示された。この「戦略的重点化」は、有識者からの意見聴取などをもとに、主要な科学技術分野について科学的インパクト、社会的インパクト、経済的インパクトを評価することなどにより行われた。従って、この第2期基本計画の核心部分については、多数の有識者の見解をバランスよく総合的に採り入れつつ決定が行われたという点において、エビデンスが有効に活用されたといってよい。ただしもちろんこの政策形成の過程ではより幅広い要因も考慮されており、例えばナノテクノロジー・材料分野については、今後あらゆる分野の基盤となる技術であること、当時の米国のクリントン大統領がその重要性を強調したこと、そして米国で国家ナノテクノロジー構想（National Nanotechnology Initiative、NNI）が始まろうとしていたことなども考慮されて重点分野の一つに含められた[5]。

第2期基本計画のその他のポイントとしては、競争的資金の倍増や産学連携のさらなる推進、科学技術と社会との関係の重視などが挙げられる。これらは海外の動向を参考にしつつ定められた政策であった面がある。1999年7月にはユネスコ（UNESCO）および国際科学会議（ICSU）の共同により開催された世界科学会議で「社会の中の科学、社会のための科学」という理念を強調したブダペスト宣言が採択されていたし、2000年3月には科学技術会議の事務局が米国における競争的資金の運用の実態などに関する大がかりな調査を実施している。こうしてみると、当時の科学技術政策分野での主なエビデンスは有識者の意見および海外からの情報であったといえる。総合計画部会の場でも、わが国の状況を海外、とりわけ米国の現状と照らし合わせつつ議論が進められる場面が多かった。

最後に、第2期基本計画では、期間中の政府研究開発投資の規模を総額24兆円とすべきであるとされた。これも政府研究開発投資の対GDP比率を少なくとも欧米主要国の水準で確保すべきだとの考え方に基づくものであったが、同

5）井村裕夫『21世紀を支える科学と教育—変革期の科学技術政策』、日本経済新聞社、2005年、75-80頁。

第8章　科学技術イノベーション政策　　157

時に未来への投資としての科学技術を重視すべきだとする政府全体の方針が反映されてもいた。ただし、第1期基本計画期間中の実際の投資額は17兆6000億円と目標が達成されたのに対し、第2期基本計画期間中の実績は21兆1000億円にとどまり、目標を下回った[6]。これは、基本計画に記された投資目標の実現をいかに担保したらよいのかという問題を浮き彫りにしたが、投資額の拡充に向けて投資目標が設定されることの意義は依然として大きいといえるだろう。

第3期──膨大なレビュー調査

2006年の第3期科学技術基本計画の策定に際しては、第2期のときよりもさらに入念な調査検討体制が構築され、膨大なエビデンスが整えられた。NISTEPが自らを中核機関とし、株式会社三菱総合研究所および株式会社日本総合研究所とともにコンソーシアムを形成して政府からの委託調査の受け手となり、2003年度および2004年度の2か年にわたって「基本計画の達成効果の評価のための調査」を実施したのである。その結果は、全8巻の中間報告書（2004年5月）および全10巻の最終報告書（2005年3月）にとりまとめられた。このレビュー調査の内容は、第2期までの基本計画の施策の達成状況を明らかにするとともに、人材育成、産学官連携の状況、そしてわが国の研究開発のベンチマーキングや海外のSTI政策の動向に至るまで、広範なテーマをカバーするものとなった[7]。

本レビュー調査が行われることになった背景には、国内外におけるエビデンス重視の流れがあった。例えば1997年に、当時の英国の政府主席科学顧問であったロバート・メイは世界各国の論文数、論文被引用数など研究のアウトプットと、政府研究開発投資総額やその対GDP比などのインプットとを定量的

6）地方公共団体による支出額を除けば、第2期科学技術基本計画期間中の科学技術関係経費の総額は18兆8000億円であり、第1期期間中の総額17兆6000億円と比べて1兆2000億円の増加にとどまった。とはいえ、きわめて厳しい財政状況下にあって、科学技術予算はそれでも特例的な扱いを受けたといえる。この点については、下田隆二「科学技術基本計画における『政府研究開発投資目標』が与えた印象と実態の相違」、『研究・技術計画学会年次学術大会講演要旨集』第21巻第2号、2006年、597-600頁。

7）NISTEP他『基本計画の達成効果の評価のための調査』、2004年5月、NISTEP Report No. 74-81。NISTEP他『基本計画の達成効果の評価のための調査』、2005年3月、NISTEP Report No. 83-92。

158　　第Ⅱ部　科学的助言の事例

に比較し、英国、米国、カナダなどは投資の費用対効果がフランス、ドイツ、イタリア、日本などよりも高いとの主張を行った。メイの後任者デイビッド・キングも 2004 年、さらに踏み込んだ分析を行い、英国などと比べて米国や日本は経済的豊かさの割に科学論文のパフォーマンスが低いと指摘した[8]。ただ、こうした定量的な分析は信頼性・妥当性の面で課題も多いことは否めない。「政府研究開発投資」の定義は国によって大きく異なるし、言語や地理的近接性が欧州諸国にとって論文引用数の面で有利に働くなどの事情があるためである。だがこのような海外の動きが、わが国でも NISTEP を中心とした大規模レビュー調査実施の原動力の一つになった[9]。

　レビュー調査の結果は、NISTEP による他のいくつかの調査結果と併せて、第 3 期基本計画の議論において基盤的なエビデンスとなった。第 2 期までと異なり、第 3 期基本計画ではまず文部科学省の科学技術・学術審議会の下に設置された基本計画特別委員会において 2004 年 10 月から議論が始まり、それよりやや遅れて同年 12 月から CSTP の基本政策専門調査会も立ち上がるという、2 段構えの検討となった。これらの場での議論の過程では、レビュー調査をはじめとする各種調査のほかにも、関連府省の審議会や日本学術会議、国立大学協会、経団連などの答申・提言や、延べ 140 名以上の中堅・若手研究者に対して行われた「科学技術基本計画ヒアリング」の結果が参照された[10]。CSTP 自身もエビデンスを集約した資料や論点整理の資料を公表している[11]。科学技術・学術審議会基本計画特別委員会は 10 回の審議を経て 2005 年 4 月に検討結果をまとめたが、経済産業省の産業構造審議会の小委員会も第 3 期基本計画のあり方についての報告書をまとめ、それらを参照しながら CSTP の基本政策専

---

8) Robert M. May, "The Scientific Wealth of Nations," *Science* 275 (February 7, 1997), pp. 793-796. Robert M. May, "The Scientific Investments of Nations," *Science* 281 (July 3, 1988), pp. 49-51. David A. King, "The Scientific Impact of Nations," *Nature* 430 (July 15, 2004), pp. 311-316.

9) 井村裕夫『21 世紀を支える科学と教育—変革期の科学技術政策』、日本経済新聞社、2005 年、133-141 頁。

10) 城山英明他『政策及び政策分析研究報告書—科学技術基本計画の策定プロセスにおける知識利用』、2008 年、58-66 頁。春山明哲「『第 3 期科学技術基本計画』の課題と論点—総合科学技術会議及び科学技術・学術審議会における検討を中心に」、『レファレンス』第 652 号、2005 年 5 月、5-31 頁。

11) 総合科学技術会議「科学技術基本計画（平成 13 年度〜17 年度）に基づく科学技術政策の進捗状況」、2004 年 5 月 26 日。内閣府編『科学技術政策の論点—科学技術政策の進捗状況と今後の課題』、2004 年 7 月。

門調査会は 16 回の審議を経て 2005 年 12 月に基本計画の最終案を答申した[12]。

　こうして作られた第 3 期基本計画の内容は、第 2 期基本計画の枠組みを大きく変えるものとはならなかった。「戦略的重点化」の方針は維持され、4 分野に重点的に資金配分を行う方針は変わらなかった。ただし、それらの分野の内部でも優先的に資金配分が必要な研究開発課題とそうでない課題があり、それ以外の分野の内部でも同様であるという考え方のもと、よりきめ細かな資金配分を行うために「戦略重点科学技術」の考え方が導入され、62 課題が選定された。その選定にあたっては NISTEP が実施した「科学技術の中長期発展に係る俯瞰的予測調査」の結果が援用されている[13]。同調査は、社会的・経済的な寄与度が大きい科学技術領域や、急速に発展しつつある研究領域について、ウェブアンケートによる市民約 4300 名からの意見や、85 名の専門家による注目科学技術の発展シナリオ、産学官の約 2500 名による技術予測アンケート結果などを参考にしつつ検討を行ったものである。一方で、最終的に選ばれた 62 課題のうち、5 課題は「国家基幹技術」（宇宙輸送システム、海洋地球観測探査システム、高速増殖炉サイクル技術、次世代スーパーコンピュータ、X 線自由電子レーザー）の位置づけをもつ大規模科学技術であり、第 2 期基本計画でこれらが比較的手薄になったのを改める政策判断があったという見方もある[14]。

　第 3 期基本計画のもう一つの大きな特徴は、イノベーションの重視が打ち出されたことである。わが国の潜在的な科学技術力を新たな社会的・経済的価値の創出へとつなげていくことが必要であるとされた。この政策的方針は海外の流れにも沿うものであった。米国では、全米競争力評議会（会長：サミュエル・パルミサーノ IBM 会長）が 2003 年 10 月よりイノベーションの強化についての検討を行っており、2004 年 12 月に政策提言「Innovate America」（通称「パルミサーノ・レポート」）を公表していた[15]。

　膨大なエビデンスを基盤として、海外の動向などにも留意しつつ作成された

---

12) 科学技術・学術審議会基本計画特別委員会「第 3 期科学技術基本計画の重要政策―知の大競争時代を先導する科学技術戦略」、2005 年 4 月 8 日。産業構造審議会産業技術分科会基本問題小委員会「技術革新を目指す科学技術政策―新産業創造に向けた産業技術戦略」、2005 年 2 月。

13) NISTEP『科学技術の中長期発展に係る俯瞰的予測調査』、NISTEP Report 94-98、2005 年 5 月。

14) 城山英明他『政策及び政策分析研究報告書―科学技術基本計画の策定プロセスにおける知識利用』、2008 年、72 頁。佐藤靖「総合科学技術会議と科学技術基本計画」、吉岡斉編集代表『新通史日本の科学技術』第 1 巻、91-110 頁。

15) Council on Competitiveness, "Innovate America," 2005.

160　　　第Ⅱ部　科学的助言の事例

第 3 期基本計画であるが、計画期間中の政府研究開発投資総額の目標について
は最終局面まで決まらなかった。政府部内では、いよいよ厳しくなる財政事情
の下、数値目標を示すことに否定的な雰囲気もあったが、2005 年 11 月 28 日の
CSTP 本会議において小泉純一郎内閣総理大臣が、科学技術分野は数少ない重
点的に予算を増やしていかなければならない政策分野であって、「明日への投
資」であるから大切な部分は伸ばして欲しいと発言したことが大きな要因とな
り、5 年間で 25 兆円という数値目標の記載が実現した[16]。これは強力な政治
主導が発揮された場面であったといえる。ただし、実際には第 3 期基本計画期
間中の投資総額の実績は 21 兆 7000 億円にとどまることになる。

第 4 期——政権交代がもたらした政治のイニシアチブ

　2011 年に閣議決定された第 4 期科学技術基本計画の策定プロセスは、多くの
点で第 3 期のそれと類似していた。2008 年度、NISTEP は CSTP からの付託を
受けて膨大な調査分析を行い、2009 年 3 月にその結果を全 19 巻の調査報告書
にまとめた[17]。科学技術・学術審議会は同年 4 月に基本計画特別委員会を設置
し、10 回の審議を経て 12 月に検討結果をとりまとめた。CSTP も 6 月に基本
政策専門調査会を設置、10 月から議論を始め、科学技術・学術審議会の検討の
成果を採り入れつつ審議を進め、2010 年 6 月に中間とりまとめ、12 月に最終
的な基本計画案を答申する[18]。これらの検討の過程では、やはり第 3 期基本計
画のときと同様、関連機関による答申・提言や研究者へのヒアリング結果が参
照され、関連機関からの意見聴取も行われた。

　だが、第 4 期基本計画の検討期間中には、二つの大きな環境変化があった。
一つは CSTP 基本政策専門調査会が議論を始める直前の 2009 年 9 月に自民党
から民主党への政権交代があったことである。政治主導を掲げた民主党は、同
年 11 月に早くも事業仕分けを断行するなど、自民党の政権運営とは一線を画

---

16) 第 50 回総合科学技術会議（2005 年 11 月 28 日）議事要旨。

17) NISTEP『第 3 期科学技術基本計画のフォローアップに係る調査研究』、NISTEP Report 116-
　　134、2009 年 3 月。

18) 科学技術・学術審議会基本計画特別委員会「我が国の中長期を展望した科学技術の総合戦略に向
　　けて（中間報告）」、2009 年 12 月 25 日。総合科学技術会議基本政策専門調査会「科学技術基本政
　　策策定の基本方針」、2010 年 6 月 16 日。総合科学技術会議「科学技術に関する基本政策について
　　—第 4 期科学技術基本計画策定に向けて」、2010 年 12 月 24 日。

第 8 章　科学技術イノベーション政策　　161

した。STI 政策分野でも、内閣府で科学技術政策を担当する大臣、副大臣、政務官は CSTP 有識者議員との会議に頻繁に出席し、政策立案における政治主導の姿勢を強めた。二つめは 2011 年 3 月 11 日に発生した東日本大震災および東京電力福島第一原子力発電所事故である。この時点では、第 4 期基本計画の政府原案はできあがっており閣議決定を待つばかりという状況であった。しかし、この大災害を踏まえて基本計画の原案を見直す必要が生じ、改めて CSTP が追加の検討を行うことになり、内容を一部見直して 8 月に閣議決定された。このように、二つの環境変化は第 4 期基本計画の内容に大きな影響を与えることになったのである。

　第 4 期基本計画の最大の特徴は、第 2 期および第 3 期にわたって 10 年間踏襲された分野別の重点化の考え方から、社会的課題の解決を志向した重点化の考え方への転換が図られたことであろう。この方針は、科学技術・学術審議会基本計画特別委員会の審議において明確に打ち出されたものである。その背景には、文部科学省による内外の政策動向の把握・分析はもとより、科学技術に対する投資とベネフィットとの関係や、STI の推進に関する国民への説明責任の重視があった。当時産業界も同様の認識を示しており、科学技術・学術審議会基本計画特別委員会の第 6 回（2009 年 10 月 1 日）では、日本経済団体連合会および産業競争力懇談会（COCN）の代表が発表を行い、「課題解決型イノベーション」の重要性を主張している。わが国の将来を見据えた課題や経済社会システムを描いたうえで、その解決・実現に向けた研究開発を戦略的に行うべきということである。経団連はすでに 2008 年 5 月の段階で課題解決型イノベーションの必要性を提言していた[19]。

　つづいて、科学技術・学術審議会基本計画特別委員会の第 8 回（2009 年 11 月 19 日）では JST 研究開発戦略センター（CRDS）より発表があり、現代の社会経済的課題を解決していくうえでは単独の科学技術分野での対応は困難であり、分野融合的な取組みが必要との指摘が行われた[20]。

　このような流れを受けて、科学技術・学術審議会特別委員会の報告書では、

19）日本経済団体連合会「国際競争力強化に資する課題解決型イノベーションの推進に向けて」、2008 年 5 月 20 日。
20）科学技術振興機構研究開発戦略センター「社会経済的課題の解決に向けた新興・融合科学技術の推進について」、科学技術・学術審議会基本計画特別委員会（第 8 回）、2009 年 11 月 19 日。

「科学技術を取り巻く社会・経済等までも幅広く視野に収め、社会ニーズ等に基づく重要な政策課題を設定し、それらの課題解決に向けた取組を促進する観点から、科学技術政策と、科学技術に関連するイノベーションのための政策とを組み合わせた総合政策への転換を図る」という方針とともに、これを「科学技術イノベーション政策」と銘打って政策を進化させるとの理念が打ち出された。

CSTPの基本政策専門調査会でも、第1回（2009年10月1日）から課題解決型イノベーションの重要性が事務局より論点の一つとして提示された。一方、10月4日には、京都で開催されていた国際会議「科学技術と人類の未来に関する国際フォーラム（STSフォーラム）」（毎年開催）の場で、当時の菅直人副総理・科学技術担当大臣が「グリーン・イノベーション」の概念を披露し、経済成長と環境保護が両立する持続可能な社会を目指すと述べた。また、同年12月30日に民主党内閣が閣議決定した「新成長戦略（基本方針）」では、グリーン・イノベーションとライフ・イノベーションが前面に掲げられ、STI政策は一躍政権の中心的アジェンダとなった。このため第4期基本計画は、民主党政権の方針を「より深化し、具体化する」（同基本計画中の表現）という位置づけをもつことになった。

なお、このような議論の背景には海外における動きがあったことも忘れてはならない。2008年夏頃から世界的に「グリーン・ニューディール」という言葉が広く用いられるようになり、各国が環境問題の解決と経済成長の双方を同時に目指す方針を打ち出した。2008年10月には国連環境計画（UNEP）が「グローバル・グリーン・ニューディール」を提唱し、米国でもオバマ大統領が一連の環境分野の政策を掲げて2009年1月に就任した[21]。また、欧州では2008年に、公的研究開発支出により環境問題など大きな社会的課題（グランド・チャレンジ）に対応するという考え方も出てきており、日本の産業界や行政側もそうした動きをつかんでいた[22]。

こうして第4期基本計画の検討においては課題解決型イノベーションの推進

---

21) 諸橋邦彦「諸外国の『グリーン・ニューディール』―環境による産業・雇用の創出」、「調査と情報― Issue Brief」第641号、2009年4月9日。

22) Luke Georghiou, "Europe's Research System Must Change," *Nature* 452 (April 24, 2008), pp. 935-936.

という原則的概念について合意が形成されたが、CSTP における議論の段階では、民主党政権の政治主導によるグリーン・イノベーションおよびライフ・イノベーションの2大イノベーションという概念がはめ込まれた。なお、最終的な CSTP の答申では、「課題解決」という用語に違和感があるという意見が出されたため「課題達成」がキーワードとなった。さらに、前述したとおり、東日本大震災を踏まえた追加的検討の結果、2大イノベーションに加えて震災からの復興、再生を達成すべき課題として位置づけるとともに、再生可能エネルギーの大幅な導入拡大等を打ち出すこととなった。ちなみに、2012年に政権が再び自民党・公明党に戻るとグリーン・イノベーションやライフ・イノベーションの概念は陰をひそめたが、「課題解決に向けた科学技術イノベーション政策」という基本方針はその後も維持された。

　基本計画における重要事項である5年間の投資目標についても政治が大きな力を発揮した。過去の基本計画においても同様であるが、第4期基本計画においても投資目標を掲げることに対する否定的意見も強く、CSTP での議論や対応は遅々として進んでいなかった。このような状況の中、国会審議の舞台において、当時野党に転じていた自民党の議員から投資目標に対する与党民主党の姿勢を問いただす質問がなされた[23]。これに対し、当時の科学技術政策担当大臣が投資目標設定に関して積極的な意思を表明し、これを機に第4期基本計画に投資目標を掲げるための調整が財政当局を含め政府内で一気に進んだ。そして、第3期と同様、5年間で25兆円という投資目標の明記が実現することとなった。

　このように、政治のイニシアチブが目立った第4期基本計画の策定プロセスではあったが、NISTEP によるレビュー調査をはじめ、エビデンスも着実に活用された。例えば NISTEP の海外動向調査では、諸外国において科学技術政策とイノベーション政策の結びつきが一層密接になってきていることが指摘されており、これは基本計画の検討において基盤的なエビデンスとなった。第4期基本計画におけるその他の広範な政策領域、すなわち研究費制度、人材育成、産学連携、科学技術外交、科学技術と社会との関係などに関しても、議論の材料となる豊富なエビデンスが政策形成の過程で活用された。

---

23) 第176回国会衆議院予算委員会議録第7号、2010年11月9日、7-8頁。

3 科学技術イノベーション政策のための科学

エビデンス活用の質的な高度化

第4期科学技術基本計画では、計画全体からみれば目立たないがSTI政策の立案の方法そのものの改善についての重要な記述が入った。以下のような、STI政策を一層エビデンスに基づいたものにしていくべきという記述である。

> 国は、「科学技術イノベーション政策のための科学」を推進し、客観的根拠（エビデンス）に基づく政策の企画立案、その評価及び検証結果の政策への反映を進めるとともに、政策の前提条件を評価し、それを政策の企画立案等に反映するプロセスを確立する。その際、自然科学の研究者はもとより、広く人文社会科学の研究者の参画を得て、これらの取組を通じ、政策形成に携わる人材の養成を進める。

これこそ、エビデンスに基づくSTI政策の分析とデザインを推進しようというCSTPの意思表明であった。この方針に沿って、現在政府はSTI政策分野の基盤データの整備、政策立案に資する調査研究、人材育成などを進めるため、「科学技術イノベーション政策における『政策のための科学』推進事業（SciREX事業）」を進めている。このようなSTI政策分野におけるエビデンスの活用を質的に高度化する試みが、近年内外で進展してきている状況を以下に解説する。

米国でのイニシアチブ開始

米国では2007年、当時のブッシュ政権の大統領科学顧問ジョン・マーバーガーの主導で「科学イノベーション政策の科学（SciSIP）」プログラムが始まった。これは、全米科学財団（NSF）がSTI政策に関係する研究課題に取り組む研究者を助成するプログラムである。マーバーガーの問題意識は、彼が2005年に全米科学振興協会（AAAS）が主催する科学技術政策フォーラムで行った次のような演説によく表れている。

科学技術政策を分析し科学技術の強みを評価する方法がいかに稚拙であるかを我々は念頭に置いておくべきである。政府研究開発投資のようなインプットと一人当たり GDP のようなアウトプットを関連付けるモデルがないため、年次データを集めて外挿することにより将来を予想するくらいのことしかできない。……私は、科学政策の社会科学という今まさに生まれようとしている分野が成長すべきだと考えている。そしてそれが速やかに、技術を基盤とするグローバルな現代社会のきわめて複雑なダイナミクスを理解する礎となるべきだと考える。……私は、米国の国民および議員とともに賢明な意思決定を行うためのツールが、目覚めようとしている世界と米国との関係の複雑な変化に対応するうえで未だ十分に使えないことについて常に懸念している。政策的主張を最良の科学に基づいたものにすることで、世界のなかで我々が進むべき道を見定めていけるようにしたい[24]。

ここでマーバーガーが考えていた「科学政策の社会科学」は、基本的には経済学的手法のSTI 政策への応用であった。従来は科学技術の各分野の専門家によって立案されていた科学政策について、経済学的モデルの導入により妥当性・正当性を高めようという考え方である。彼は、具体的には技術者人材の需給予測、グローバル化による技術職への影響、情報技術が科学者・技術者に与える影響、国内の研究拠点の増加がもたらす影響、州立大学への補助金の変動の影響などについて、モデルによる分析を通して政策上の知見が主に定量的な形で得られるのではないかと考えていた。

このようにマーバーガーがSTI 政策の科学を推し進めようとした背景は何だろうか。それはやはり科学技術に対する連邦政府の投資を、適切にかつ国民に対する説明責任を果たせる形で確保したかったからであろう。当時、米国も含め先進国の財政がますます厳しさを増していたなか、STI 分野の公的投資について議会や国民に対して説明するうえで、SciSIP のような科学的分析はぜひとも必要だったのである。

その後米国では関係省庁が連携して「科学政策の科学」を推進するためのタスクグループ（SoSP-ITG、Science of Science Policy—Interagency Task Group）を設

---

24) Speech by John Marburger, 30th Annual AAAS Forum on Science and Technology Policy, April 21, 2005.

166   第Ⅱ部   科学的助言の事例

立し、2008 年には政府全体の取組みを明示したロードマップを公表する。また、NSF では SciSIP プログラムの進め方などについて議論がなされ、同プログラムでは経済学のみならず幅広い人文・社会科学分野の研究者、そして科学者・工学者にも研究費を助成し、STI 政策の総合的な分析を支援することとなった。2010 年からは政府研究開発投資による雇用創出などに関するデータを整備する取組みも始まり、さらに 2014 年にはデータ法（Digital Accountability and Transparency Act）が制定されて連邦政府の支出のデータ公開が義務化されたこともあり、さまざまなデータベースが整備されてきている[25]。

欧州の動き

EU でもエビデンスに基づく STI 政策形成に向けた動きがある。以前より、欧州委員会（EC）の総局の一つとして設置されている共同研究センター（JRC）では、EU 各総局に科学的助言を行ってきた。JRC はブリュッセルの本部と欧州各地の七つの研究所から成り、エネルギー、環境、原子力、健康など各政策分野のエビデンスを提供してきたが、加えて将来技術調査研究所（IPTS、1994年設立）を中心に STI 政策分野の調査研究の高度化にも取り組んできた。

最近では、EU の支援の下、NEMESIS と呼ばれる経済モデルがパリ中央大学のチームなどにより開発され、EU の 2007 〜 2013 年の研究開発計画である第 7 次フレームワークプログラム（FP7）の投資効果などの評価が試みられた[26]。また、FP7 の後継の Horizon 2020 と呼ばれる研究開発・イノベーションプログラムについても、QUEST III といったモデルが開発され政策のインパクト評価がなされた。現状ではこうしたモデルの精度、信頼性は十分とはいえず、真に有用なエビデンスを政策立案者に提供できるようになるまでには継続的な研究開発が必要な状況である。

わが国の取組み

先述したように、わが国でも 2011 年度より SciREX 事業が開始され、エビデンスに基づく STI 政策の実現が進められてきた。わが国の SciREX プログラ

25）科学技術振興機構社会技術研究開発センター「科学技術イノベーション政策における政策のための科学に関する調査・分析」報告書、2011 年 3 月、11-76 頁。
26）同上、77-139 頁。

第 8 章　科学技術イノベーション政策　167

ムは、マーバーガーが 2005 年に示した経済学的モデルの導入による STI 政策の合理化というビジョンよりも広がりのあるもので、STI 政策の形成プロセスの合理化・透明化、そして国民の STI 政策への参加、関連分野の人材育成までをも視野に入れたものとなっている。取り扱うべき政策課題も政府研究開発投資の効果だけでなく、基礎研究と応用研究のバランス、研究分野間の資源配分、人材需給、研究開発の組織体制、産学官のネットワーク形成、国際連携のあり方、対話型政策形成手法、科学コミュニケーション等、幅広い項目が挙げられている（Box 8.1 参照）。

Box 8.1　SciREX 事業の概要

（事業の内容）

(1) 政策研究大学院大学、東京大学、一橋大学、大阪大学、京都大学、九州大学における STI 政策分野の研究・人材育成拠点の形成

(2) JST 社会技術研究開発センター（RISTEX）による STI 政策分野の研究課題に取り組む研究者への助成

(3) NISTEP による STI 政策分野のデータ基盤の構築

(4) NISTEP による政府研究開発投資の経済的・社会的波及効果に関する調査研究（2014 年度まで）

(5) 特定の政策課題（例えば糖尿病関連の研究開発）に関する政策の選択肢の提示とその経済的・社会的効果の評価

(6) エビデンスに基づく政策実践のための指標、手法の開発等を行う中核的拠点機能の整備

（事業の設計にあたっての理念）[27]

1. 科学的合理性のある政策を形成する。

2. 政策形成過程を合理的なものとする。

3. 政策形成過程の透明性を高め、国民への説明責任を果たす。

4. 政策の科学の成果や知見の公共性を高め、国民が政策形成に参画する際に活用できるようにする。

5. 政策形成における関与者が適切な役割と責任のもとに協働する。

---

27) 科学技術振興機構研究開発戦略センター「戦略提言 エビデンスに基づく政策形成のための『科学技術イノベーション政策の科学』の構築」、2011 年 3 月。

このようなわが国の取組みが大きく発展し結実するための鍵は、やはり研究者側と政策立案者側をつなぐ仕組みをうまく構築できるかどうかであると考えられる。研究者側の関心と政策立案者側の関心は異なる。研究者側は学術的な成果を出すことにどうしても専念しがちであり、先端的だが実践的活用が困難な知見しか産み出さない傾向がある。例えば、学術的には多くの仮定条件を置いたうえで結論を導いた場合でも知的価値はあるとみなされるが、それらの仮定条件が現実には受け容れられないものであって、政策現場では使用不能である場合も多い。一方で、政策立案者側は常に時間的プレッシャーにさらされており、シンプルなエビデンスを求める傾向がある。政策策定にあたってはさまざまなステークホルダーとの調整も必要であるため、学術的な知見を咀嚼する労力を惜しんでしまいがちである。

　序章でも述べたように、科学と政治の間には紛れもなく価値観や行動様式の相違がある。その相違を直視し、二つの世界の間を媒介するための組織と人材を確保することがSTI政策分野でも求められているといえるだろう。

4　まとめ——エビデンスの体系化と高度化への期待

　以上に述べてきたように、わが国では1995年に科学技術基本法が制定されて以来、政府研究開発投資の規模が拡大するとともにSTI政策の立案に関わる組織体制が充実し、膨大なエビデンスが揃えられたうえで科学技術基本計画が策定されるようになってきた。1996年の第1期基本計画は主としてステークホルダーの意見をベースに作成されたが、第2期基本計画のときには強力な事務局体制のもとで収集された内外のデータが検討に用いられた。第3期および第4期の基本計画の策定に際しては、NISTEPを中心に膨大なデータが生成され、検討の重要な基盤となった。第5期基本計画の作成にあたっては民間シンクタンクを中心に短期間で調査が行われたが、エビデンスを重視する流れ自体は着実に強まってきているといえる。2011年度からはSciREX事業も始まり、さらに高度なエビデンスの生成手法の開発や、将来のSTI政策分野を支える人材育成に向けた取組みが進んでいるところである。

　2016年度からスタートした第5期科学技術基本計画は、社会的課題の解決を志向するという第4期基本計画の基本的な考え方を引き継ぎつつ、イノベーシ

ョンをめぐる内外の環境変化を踏まえて技術のシステム化・統合化に重点を置き、「超スマート社会」の実現を目指すとしている。同時に、大学や研究機関の改革を含め国のイノベーション・システムの改革を促すとともに、STI分野の現状や政策実施の状況を示す指標を設定してフォローすることによりPDCAサイクル（Plan（計画）→ Do（実行）→ Check（評価）→ Act（改善）のフィードバックサイクル）を回すための方策を講じるとしている。第5期基本計画の策定の流れは、第4期のときと同様、文部科学省、経済産業省はじめ各省における検討とCSTIにおける検討の2段構えであり、自公政権は内閣に設置された産業競争力会議などを通じて政治の主導力を相当程度発揮した。

　総合的にみれば、エビデンス重視の考え方はSTI政策分野に確実に浸透しつつあるといえるが、未だ課題も多い。エビデンスの体系が十分に整備されておらず、政策形成に有用な知見の不確実性が高すぎる。他の政策分野をみると、例えば食品安全や医薬品審査については科学的な観点から比較的確実性の高いリスク評価が可能であり、気候変動についても一定程度信頼性の高いエビデンスの提示が可能である。一方STI分野では、膨大なデータがあるにもかかわらず、関連の政府予算をどの程度確保しどのように配分すれば経済的・社会的なベネフィットが最大化されうるか、研究開発を担う人材や組織のマネジメントはどうあるべきかといった問題に対して有用かつ確度の高いエビデンスは世界的にも現段階で十分存在するとはいえない。特に我が国では、関連各機関が保有する多様なデータの間の接続可能性が限定されているため、それらの潜在的有用性が最大限に発揮されるに至っていないのが現状である[28]。

　だからこそ、STI政策の科学の確立に向けた取組みが国内外で中長期的な視野で進められている。その際には、信頼性の高い総合的なエビデンス体系を確立するため、政策担当者と研究者が互いの価値観や行動様式を尊重しながら協働することが何よりも重要であり、相互の架橋ができる人材がさらに増えてくる必要がある。それによって、科学技術と政策との間の意思疎通が可能になり、エビデンスに基づくSTI政策の実現に向けた道筋がみえてくると期待される。

---

28) 科学技術振興機構研究開発戦略センター「変動の時代に対応する科学技術イノベーション政策のためのエビデンスの整備と活用に向けて」、2015年4月。

終章　21世紀の科学技術の責務と科学的助言

　1901年1月、20世紀の始まり、ロンドン滞在中の夏目漱石は、半世紀以上にわたって繁栄を誇った大英帝国のリーダー、ビクトリア女王が亡くなった翌日に、街中で黒手袋を買った際、店員が「新しい世紀は不吉な始まり方をした」とつぶやいたのを日記に記している。今日からみれば確かに、この予感はかなりの程度当たっていたといえる。当時の人々は予測しようもなかったが、新しい20世紀に「西洋は没落」し、動乱と戦争の「極端な時代」[1]になった。この世紀の特徴となった国と国との軍事力・経済力の競争は、科学技術の驚異的な発展に支えられたものであった。

　100年後の21世紀初年、2001年9月、ニューヨークの世界貿易センタービルが崩壊した。20世紀文明の象徴であったニューヨークの二つの摩天楼が、20世紀科学技術の最大の発明品である飛行機とインターネットを使うことによって、少数のテロ集団によって破壊されたのであった。この衝撃はテレビ映像によって世界中の人々の記憶に刻印され、人類史に残る出来事になった。

　1世紀前の漱石の日記に倣えば、21世紀は不吉な始まり方をしたとみることもできる。しかし、新世紀が前世紀と同じ轍を踏めば、有限な地球において人類は今度こそ生存の危機に直面することになるだろう。これを避けるために、人類の英知と経験を総動員する必要があり、今そのためにさまざまな取組みが始まっている。本書のテーマである科学的助言体制の強化はその重要な一つとして位置づけられるものであろう[2]。

1）エリック・ホブズボーム『20世紀の歴史―極端な時代』、河合秀和訳、三省堂、1996年。
2）科学的助言体制の強化に向けた国際的議論が集中的になされる場面も最近増えてきている。*Palgrave Communications* 誌による特集（2016年5月、http://www.palgrave-journals.com/palcomms/article-collections/scientific-advice）、*Science & Diplomacy* 誌による特集（2016年6月、http://www.sciencediplomacy.org/issue/29）等を参照。

1　20世紀の反省と21世紀の新しい価値

ブダペスト宣言の意味

　20世紀の科学技術がまねいた"陰"の部分への深い反省から、21世紀の科学技術とその使用、社会的責務のあり方について、現在国際的にコンセンサスがある理念は「ブダペスト宣言」（1999年）である。宣言によれば、20世紀の科学技術が追求した価値は「知識のための科学」「進歩のための知識」であった。この単純な価値観と行動の規範が多くの災禍を引き起こしたことを反省し、宣言は、科学技術の21世紀の責務として、「知識のための科学」に加えて、「平和のための科学」「持続的開発のための科学」「社会における科学・社会のための科学」という、新しい価値を強く謳ったのである。

　近代科学の方法と制度は過去200年にわたって築かれてきた。その根底にある考え方は、科学は社会の価値判断から距離をおいて、客観的に新しい知識を生産しておけば自ずから社会が進歩するというものであった。今やそれが通用しない時代を迎えているといえる。このようなブダペスト宣言の理念と時代認識をどうしたら社会に実現できるのか、その方法の開発と実践が問われている。近年世界中で、科学と社会、科学と政治、科学的助言に関心が集まる所以である。

21世紀社会の予測と世界認識

　21世紀社会はどこへ向かうのか。今世界の多くの公的機関やシンクタンク、マスコミ、科学コミュニティが21世紀社会の予測を行っている。そのなかで共通のキーワードとなっているのは、グローバリゼーション、情報通信・ディジタル革命、地球規模問題解決（気候変動、エネルギー、水、災害、感染症、貧困、テロなど）、有限な地球、社会イノベーション、分野連携・学際性、多様性、multi-stakeholder approach、inclusive などである。最近は、サイバーセキュリティ、人工知能、ロボット、ゲノム編集などの新技術が社会、人類に与える"光と陰"の影響とそれら技術のマネジメントに注目が集まっている。未来は予言はできないが、これらの予測活動と示唆は、不確実で複雑・見通しの利かない21世紀前半にあって、可能な未来とその意味を考える思考の枠組みと行

動について"可能性の束"を与えてくれるものであろう。

　ここで、21世紀社会の行方を識者はどうみているのか、次にいくつか示しておきたい[3]。

　20世紀経営学の泰斗ピーター・ドラッカーは、近年の急激なグローバリゼーションについて次のように述べている。「近年のインドや中国の台頭は、かって日本が西洋に同化することでなし得た成功とは、まったく違った形で現れている。それは、西洋の価値、西洋の生産性、西洋の競争力を柱に、西洋によって支配されてきた従来の世界とはまったく異なった世界が、いま私たちの眼前に登場しつつあることを意味している。……18世紀以来の根本的な世界の変化である」[4]。アメリカの元財務長官であり元ハーバード大学学長の経済学者ローレンス・サマーズは、発展する情報通信技術のインパクトについて、「冷戦の終了とインターネットの普及によって、中国、インドなどの巨大な新市場が一気に世界経済に統合された。私たちは今、ルネサンスや産業革命に匹敵する大革命の中にいる」と描写した[5]。また文化勲章を受章した電子工学者、猪瀬博氏は、1990年代初めわが国がインターネットを導入する際の関係省庁検討会で、「インターネットは、近代社会と近代科学の"authenticity"（正統性）を壊す可能性がある」と筆者らに予言的に語ったことがある。

　これら碩学たちの言葉は、21世紀前半について、規模とスピードにおいて数百年オーダーでの政治・経済・社会の大転換期とみなす時代認識を与えてくれる。近代社会は、国民国家、資本主義、民主主義の制度体制と合理主義の精神、科学啓蒙主義が相互に作用しながら今日まで築き上げられてきたのであろうが、近年の情報通信技術とそのサービスの革命的発展は、経済・産業の構造、政府のガバナンス、科学技術の方法から人々の生活まで歴史的な構造変化を引き起こしているのである。

科学技術の方法の現在と21世紀の変革

　「19世紀の最大の発明は、発明法の発明であった」。哲学者ホワイトヘッド

3）有本建男「科学技術の変容と21世紀のビジョンと思考力」、『情報管理』第58巻第8号、2015年、623-634頁。

4）ピーター・ドラッカー『ドラッカーの遺言』、窪田恭子訳、講談社、2006年、29頁。

5）ダボス会議（2006年1月）におけるローレンス・サマーズによる講演。

はつづけて、「鉄道、電信、ラジオ、紡績機械、合成染料など個々の発明品よりも、……方法そのものに注意を集中しなければならない、この方法こそ真に新しいもので古い文明の基礎を破壊した」とのべている[6]。事実、近代科学技術の構造と方法は、19世紀から20世紀にかけて成立した。例えば、(1)"科学者(scientist)"という専門職業人、(2)近代大学制度とゼミナール、実験研究室制度、(3)研究者の行動規範としての"publish or perish"、(4)研究の質を確保するピアレビューシステム、(5)学協会、論文誌など研究交流・成果流通システム、(6)グラント、コントラクト、フェローシップ、知財、褒章など研究支援制度。この他、当時(1925年)のホワイトヘッドの視界には入っていなかったが、第2次世界大戦後に本格的に成立した科学技術の公共政策の方法も含まれる[7]。

しかし、先に述べたように今日の急速なグローバリゼーションと、途上国の台頭、情報通信技術の発達、複合化する地球規模問題への対応などを巡って、上に述べた科学技術の近代的方法は今大きな変革を迫られている。

2　今後の科学的助言の方向

科学技術の公共政策の転換

政策レベルにおいても近年内外で共時的に、科学技術の方法および科学と政治・社会の関係性に根本的な変革を迫る戦略や計画が次々に発表されている。

(1) 日本

2016年1月、2020年までの政府の第5期科学技術基本計画が決定された。同計画では、超スマート社会(Society 5.0)の実現とそのための研究開発の推進が強く打ち出された。情報通信技術の革新が、小売業、交通、製造、医療、エネルギー、教育・研究などの経済社会構造、人々の知的活動とライフスタイルを根本的に変化させているという時代認識の下に、ソフトウェアとロボット、

---

6) ホワイトヘッド「科学と近代世界」、『ホワイトヘッド著作集』第6巻、上田泰治他訳、松籟社、1981年。

7) 有本建男「21世紀は科学技術の方法の革新を迫っている」、『化学と工業』第69巻第3号、2016年3月、175-176頁。

人工知能等の技術開発と、基礎から社会・市場までを架橋するプラットフォームの形成、人材育成が強調されている。

一方、世界的な大学の大競争時代を迎え、国立大学法人第3期中期目標期間（2016-2021年）においては、国立大学に対してグローバル型、ローカル型、特定分野型の3つの重点支援枠が設けられている。これらの支援枠の下、各国立大学はそれぞれの特徴に応じたガバナンス、マネジメント方法と教育・研究・社会連携の仕組みを作り直し実行することが求められている。

(2) 海外

世界の政治経済のリーダーが集まった2016年初めのダボス会議の主テーマは、「第4次産業革命」であった。猛烈なスピードとスケール、推進力で進む社会経済構造の根本的な変化を「第4次産業革命」とし、雇用問題、貧困などの副作用に向き合いながら、政産学官市民の新しい発想と取組みが議論され、ローマ法王からもメッセージが届けられた[8]。

OECDは2015年秋、新時代のイノベーション戦略 "The Innovation Imperative" を公表した[9]。科学技術のディジタル化、途上国の科学技術の急拡大、グローバル化のなかでの global science commons の構築、戦略設定プロセスの重視、multi-stakeholder の方法、産学官を結ぶ facilitation の重要性など新しい仕組みと方法が強調されている。

EUは、2014年から科学技術の総合戦略 Horizon 2020 を進めているが、ディジタル技術を生かした Open science（Science 2.0）を強調し、今起こっている科学技術の方法の変化は不可逆的で、"publish or perish" という従来の科学者の価値観を変える必要があるとし、新しい教育研究システムの開発を進めている。また、人文社会科学を研究体制に埋め込ま（embed）ないと質のいいイノベーションは生まれない、貴重な文化の維持もできないとし、人文社会科学の革新と文理連携を強調している[10]。EUのこの方針は、今日までの科学技術の方法を抜本的に見直そうとする大胆な試みとみることができる。

---

8) World Economic Forum 2016, "The Fourth Industrial Revolution" and "Message from Pope Francis at the World Economic Forum in Davos-Klosters, 2016-01-20."

9) OECD," The Innovation Imperative: Contributing to Productivity, Growth and Well-Being," October 2015.

10) "Vilnius Declaration: Horizons for Social Sciences and Humanities," September 2013.

数百年にわたって近代科学技術を生み育ててきたヨーロッパが、その伝統を踏まえた上で自ら野心的な概念を提案し、さまざまなセクターの間で議論を積み重ね、科学技術の価値観、規範と運営の仕組み、研究の課題設定から成果の公表、社会への実装まで活動の全過程で変革を進めようとしている努力と新しい方法は注目に値する。

科学的助言の構造と方法の成熟に向けて

　科学的助言の構造は、これまで述べてきたように、科学と政治の架橋として捉えることができる（図9.1）。この構造に時間の流れ・プロセスと、科学者と政策決定者らの機能と役割を加えて俯瞰的に記述すると、図9.2に示すようなダイナミックなサイクルで表現できる[11]。

　序章でアルビン・ワインバーグが1972年に提唱したトランス・サイエンスの概念を紹介したが、図9.1に示すように、現在、科学だけでは解決できないトランス・サイエンス状態の領域に、人類が直面するあるいは今後直面するであ

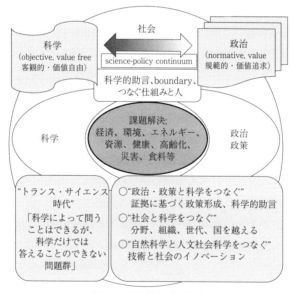

図 9.1 科学的助言の構造

---

11) 吉川弘之「研究開発戦略立案の方法論──持続性社会の実現のために」、科学技術振興機構研究開発戦略センター、2010年。

ろう課題が、コミュニティ、地方、国、アジアなどの地域、地球規模のレベルで山積している。こうした階層をなす構造と、それぞれの立ち位置、役割をきちんと認識しておくことが、科学的助言を考える際に基本となる。

　問題解決のために、科学と政治の関係のギャップを埋めどう結びつけるか。政策の決定と実行は、政治と行政の役割である。政策は normative（規範的）であり一定の価値の実現を目指す。一方、科学は基本的には客観的であり価値判断から中立である。両者は、このように異なる価値観と行動の様式をもちながら、課題の解決のために架橋する必要がある。科学的助言が有効に働くためには、政治と科学の双方がこうした微妙なバランスを必要とする構造を了解した上で相互信頼の下に、それぞれの役割と責任を果たす必要がある。歴史が示すように、両者の間で不信が高じ分断が起これば科学への政治の介入を招くことになる。近年では、先進国の財政状況が厳しくなるなかで、科学技術政策や研究開発予算への政治の介入がしばしば起こっている。サイエンス誌とネイチャー誌はこの状況を社説で警告している（Box 9.1 参照）。

Box 9.1　政治の科学への介入の危険──世界トップ科学誌の警告

　2010 年代に入り、サイエンス誌とネイチャー誌はほとんど同時に社説で "Rethinking the Science System" および "Tough Choices" という厳しい表現を使って、先進国における今後の科学と政治の関係について警告を発した。世界的な経済危機と財政悪化の下、先進国の公的研究開発投資が停滞または削減されるなかで、科学の側が主体的に、研究体制、予算の使用、評価の方法、研究倫理などについて、新しい時代に即した変革をしないと、政治が介入して科学の健全な発展を損なうという警告であった[12]。

　日本の場合にもこれは当てはまる。厳しい財政事情の下で前政権で行われた「事業仕分け」の一環で、科学技術関連で記憶に残るのは、スーパーコンピューターの開発を巡る論争であった。世界一を目指す必然性についての政治の側の問いに対し、科学の側は説得力をもって答えることができなかった。当時多くの若手研究者から、政治と科学の日ごろからの相互信頼と落ち着いた対話の積み重ねが必要との意見が出たが、今も重要な課題として残されている。

---

12) Alan I. Leshner "Rethinking the Science System," *Science* 334 (November 11, 2011), p. 738; "Tough Choices," *Nature* 482 (February 16, 2012), pp. 275-276.

終章　21 世紀の科学技術の責務と科学的助言　177

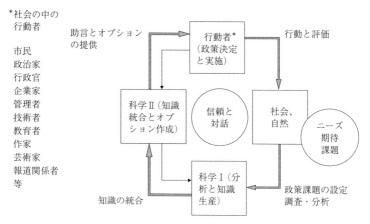

図 9.2 科学的助言の俯瞰的プロセス——課題の設定から調査・分析・統合・解決策の提案・実施・評価 14)

　科学的助言の動的俯瞰的なプロセスは、図 9.2 のように、取り組むべき課題の設定から科学技術による対応策の提示、実施・評価までの 4 段階の循環的なサイクルで示すことができる 13)。

① 自然、社会、経済などの解決すべき政策課題を探索・設定する段階。
② 課題に関するデータなどを収集し詳細に分析し、研究開発テーマを同定し、関連する研究開発を進める段階：「科学 I」。科学論文の多くはこの段階で発表される。この段階の活動者は「分析型科学者」といえる。
③ これらの結果と既存の知識と経験を集め、課題解決のために再構成・総合化し、政策オプションとして提言する段階：「科学 II」。この段階は「設計型科学者」といえる。狭義の科学的助言はこの段階といえる。
④ 最後に、政治と行政あるいは企業、市民等の行動者が、提案された政策オプションを選択し、具体案を決定して予算措置、法令改正などによって課題の解決を行う実施の段階。その結果を評価し次に同様なループを回していく。

　こうしたダイナミックな相互作用と循環のプロセスの理解と実行とが、科学

---

13) 吉川弘之「研究開発戦略立案の方法論」。
14) 吉川弘之「科学技術政策の今後の課題」、CSTP 大臣・有識者会合（2010 年 3 月 4 日）を基に作成。

と政治・行政・社会との共進化を生み出し、質の高い持続的で柔軟な科学的助言とそれに基づく政策の立案と実施につながると考える。

科学的助言の知的基盤の強化と人材育成

本書で述べてきたように、科学的助言を行う個人あるいは組織は、個別科学分野の知識と経験をもっていればそれで十分というわけにはいかない。その助言内容が、政治的・行政的・社会的に効果のあるものか否かが問われるのであって、そのためには分野、組織、そしてときに国境を越えて総合する力量が求められる[15]。加えて、時代認識、社会的・経済的ニーズ、人々の希望と国や世界の将来ビジョンを受けとめ思索しこれに応じる素養と能力が必要となる。

現代において、あらゆる政策課題に対応し適切な科学的助言を行うことは個人と限られた組織で担うのは困難であり、組織的・持続的に活動を支えるネットワークとデータや政策文書の蓄積、多様な人材の確保などシンクタンク機能の充実と知的基盤の構築が必須となる。21 世紀のグローバルな高度知識社会においては、こうした科学的助言体制の構築は、一国の安全保障と持続的発展、世界での知的存在感の維持にとって必須の基盤となるだろう。

現代の科学者・技術者は、実験研究の忙しさに流されて自らの依って立つ、歴史的・社会的・哲学的な基盤と背景を思索する時間と精神的余裕を奪われてしまいがちである。しかし、21 世紀の世界システム全般の変容を自覚し、未来に向けて考え行動するためには、無思想ではいられない。学生、若い研究者に科学技術の魅力を回復するためにも、こうした思索の深まりと発信が重要となる。

科学的助言は、政策科学の新しい分野とみなすこともできる。21 世紀の科学技術の展開と課題解決において重要となるこの分野に、学生や若い科学者たちが将来のキャリアの一つとして関心を高めることを期待したい。

3 行動の提案

ブダペスト宣言から 20 年近く経つが、その理念を具体化する科学技術政策

---

15) Berlin-Brandenburgische Akademie der Wissenschaften, "Leitlinien Politikberatung," 2008.

終章 21 世紀の科学技術の責務と科学的助言 179

とその方法は未だ開発の途上にある。一方でここ数年、科学的助言の制度体制の整備について先進国途上国を問わず世界的に関心が高まっている。

わが国でも 2011 年 3 月 11 日の東日本大震災を契機に、科学者とそのコミュニティの社会的責任に関する議論が深まり、科学的助言体制の強化に政治的関心が高まった。その後動きはやや停滞していたが、2015 年秋に外務大臣の科学技術顧問がわが国で初めて正式に任命され海外からも注目されている[16]。

科学的助言について市民、政治家、産業界、行政、科学界が関心を持続し協働して科学的助言の体制の整備と質の向上を図るために、次の 10 項目の行動について提案したい。

1．科学的助言について市民の理解、関心を高める。科学と政治の関係という市民にとって分かり難く見えにくい問題が、実は市民生活、国の安全保障、経済活動などにとって重要であることについて、多くの事例を通じて理解を深める。

2．科学的助言について政治家の理解、関心を高める。科学技術と社会の関係は複雑で不確実、白か黒かでは律せられないとの理解を深める。

3．政治家・行政官と科学者の双方が、相互の責任とこれを律するルール、行動規範を十分に理解する。また、双方の活動のスピードがしばしば異なることを理解する。

4．科学と政治・行政の架橋に関わる研究者、技術者を軽んじるようなわが国の科学界の意識と文化、価値観を変える。むしろ、科学的助言を行える人材は、専門知識と経験に加えて、国や世界に発信し助言を行えるという高い能力と識見を必要とする。「専門家」から「知識人」への変容といえる。

5．科学者の社会リテラシーを向上させる。政治・行政の決定と行動の難しさに理解を深める。歴史的素養と思考力を涵養する。文理の境界を越えて、学問の発展、科学技術と社会・政治の相互作用について、過去・現在・未来を深く考え議論を広げ、自らの役割と責任を自覚し行動を起こす。

6．科学技術が現在大きな転換点にあるという時代認識を、科学界のなかで共有する。そのなかで、各科学分野のポジションについて自覚し、異分野連携

---

16) Vaughan C. Turekian, "Evolving Institutions for Twenty-First Century (Science) Diplomacy," *Science & Diplomacy* 4: 2 (June 2015).

の具体化を図る。新技術の社会的影響・倫理・法的責任などについて持続的に調査研究を行う仕組みを形成する。

7．高等教育において、専門教育に加えて、専門教養教育充実の一環として科学技術と政治・行政との関係について学習・研修の機会を設ける。

8．科学的助言に関わる人材の育成と確保。マネジメントクラスの科学者は、国際政治をよく理解し交渉の能力を磨く。若手研究者の段階からこうした人材を養成し処遇する仕組みを作り、その中から政治リーダーの科学顧問や大学経営や政策形成のリーダーなどに登用するキャリアの道を拓く。

9．科学的助言、科学技術と政治の関係について学術研究を拡大し、国際共同研究を展開する。

10．21 世紀の社会ビジョンとそのなかでの科学技術の役割と責任について、市民・政治・産業界・学会・官界を含めて多様な議論と調査研究ができるプラットフォームを構築する。

　各国の科学的助言システムが、それぞれ特有の政治・行政体制や歴史的・社会的背景を反映して異なっていることは、第Ⅰ部で述べた。また、同じ国であっても、各政策分野に固有の特性と環境条件から、リスク評価とリスク管理の分離の度合い、科学と政治・行政の距離が異なり、時代とともに変化していることは第Ⅱ部で扱った。

　2015 年 9 月、国連総会は、今後 15 年間で国際社会全体で達成すべき目標として「持続可能な開発目標（SDGs）」[17] を全会一致で合意した。さらに、同年12 月には気候変動に関する「パリ協定」が成立した。これらは、先進国、途上国の差異を越えて、世界全体で長期的な地球規模の構造問題の解決に当たろうという重要な国際的合意であり、そのための科学技術の寄与と科学的助言に対する期待は大きい。

　こうしたここ数年の科学的助言システムに対する世界中での関心の高まりは、国を越え、各政策分野を越えて、21 世紀型の科学と政治・行政・社会との新しい関係を拓き、科学的助言システムの進化に向けて、大きな契機になるものと期待している。

17）"Transforming Our World: The 2030 Agenda for Sustainable Development," Resolution Adopted by the General Assembly on 25 September 2015.

特別寄稿

科学的助言における科学者の役割

吉川　弘之

　国家の政策形成に対して科学者の合意に基づく助言が必要であることがわが
国においてもようやく認識されるようになった。国際的な状況から考えると、
その充実は緊急を要する。従って今、私たちは有用で持続的な助言の方法を確
立すべく努力する必要があるが、本書（前章までの全文を本章では「本書」と呼ぶ）
で論じられたことは、その努力の開始にあたって知らなければならないことの
体系である。

　わが国における政策形成者と科学者との関係は、第二次世界大戦の特異な時
代を除けば、世界のなかでのわが国の位置の認識に基づきつつ政策形成に有効
に働いてきたというべきであろう。明治における急速な近代化、その後の近代
思想の日本文化への吸収の時期において、科学者の時代の流れに関する意識は
高く、教育、産業などにおける日本の近代国家への変化に対応して、社会の諸
現場への知恵の提供とともに、政策決定に寄与することも多かったと考えられ
る。そして戦後の復興期においても、科学者は経済振興、産業振興のなかに入
って働くだけでなく、日本学術会議などを通じて国家の政策決定に対して科学
者という立場から助言を行うことが少なくなかった。南原繁と吉田茂の論争の
ように、科学と政治は対立する現象が歴史的に取り上げられることが多いが、
それは科学と政治とがそれぞれ独自の立場をもっていたことを意味するのであ
って、当時はそれが対立として現れるしかなかったとしても、両者は独立でな
ければならないという基本が存在していたことは確かである。

　しかし、その後の長期政権による高度経済成長、科学技術振興、高等教育の
拡大などの政策と、行政による強力な指導によって、いわばわが国は一丸とな
って一流国を目指す方向に向かい、そのなかで政治と科学が協力することが求
められ、それぞれ独自の立場に立ちつつ対立でなく協調するという新しい関係
の確立が必要とされるようになる。両者がその原型を模索するなかで、政策側

から産業振興政策としての諸政策、例えば理工系学生増員計画（1961）、高等専門学校制度（1962）等が実施された。この大学にとっての大きな変革を受け入れるには科学の側は準備不足と言わざるを得ず、学問領域の間での合意を得られないうちに大学紛争（1968）が起こる。紛争の場で科学の自治と社会との関係を正当に議論する余裕もないままに、それは終焉するのであるが、その後科学と政治との関係に関する議論は日本学術会議に移る。しかし同会議の会員選出法改正を中心とする法律改正（1983）を契機として、その議論は行われなくなった。

　この経過は、わが国の戦後の荒廃からの経済的復興という人々の期待を前にして、科学と政治とが本質的な立場の違いを現象的に不可視化することによって対立を避け、協調するという、いわば本質を避けて調和を作り出す結果となっていった。この経過が今日のわが国の状況に少なからず効果している現実があるが、このことの可否をここで評論することはあまり意味がない。緊急に考えるべき重要なことは、わが国では未だに科学と政治との関係が可視的に示されたうえで社会的な合意を得るという過程を経ていないという事実である。これが政治に対する科学からの助言について公的に語ることができなかった理由の一つであり、最初に述べたように、いまそのことを考える必要があり、本書はそのための輪郭を、諸外国の歴史をエビデンスとしつつ描き出しており、論旨は完結している。

　それではここに章を改めて何を考えるのか。前述のような過程のなかで、わが国の科学者が戦時における両者の異常な関係を脱して自立することを目標としながら、一方で現実の復興で共に働くことを是とし、その矛盾を引きずったまま苦しみつつ新しい関係を模索している間に、世界は長い歴史を背景に社会の了解のもとに両者の新しい関係の定式化を進めていたことに気付かされることになる。この新しい関係の一つが科学者の政策者への助言の公式化であった。

　ここにあえて最後の章を設けるのは、前章までと異なる視点での考察が、本書に加えて必要であるとの本書の著者の間での認識に基づいている。それは本書で取り扱った問題を科学者の視点から考察することであって本書と双対の関係にあり、本来広範な考察を必要とするが、ここではそれを略記し、このような視点も重要であることを指摘するのにとどめよう。

1　科学者へのメッセージ

科学への信頼と社会との対話

　木書での科学者の位置づけを概観しておく。科学的助言において政策者と科学者が厳しい条件での相互理解（尊重）のもとで作業することが重要であることを主張していて、これは本書の特徴の一つであろう。しかし政策者へのメッセージは間違いなく読み取れるが、科学者へのメッセージという点では不十分さを残したものになっていると言わなければならない。

　科学的助言が社会に定着するための必要条件の一つは、助言する科学者の母体である科学者集団を構成する科学者一人一人への社会からの信頼である。今それが失われているということを考える前に、より本質的に社会の科学者への信頼とは何かを考えなければならないと思われる。信頼の根拠は基本的に科学の結論（すなわち知識）導出方法にあり、「問題の定義－仮説－観察（実験、測定、データ合理性、論理的構造化等）－仮説検証－法則の提案」という厳格な方法が護られなければならない。この過程で、観察に関し、観察可能性が対象によってさまざまに異なることが、独自の科学分野を構成しているのが今の科学の状況である。人文学、社会学、物理学、生物学、情報学などの基礎科学、そして法学、経済学、工学、医学、農学などのさまざまな臨床科学において、問題定義、仮説、法則提案などは共通であるが、観察可能性が異なり、それが科学への信頼を解りにくくしている。

　各々の分野が“平和に”研究し世のなかに科学的知識を提供すればよかった時代が終わり、助言という、社会にさらされる（social engagement）科学あるいは科学者になったとき、この知識生産過程は改めて社会に説明を要することであるのに、その努力が科学者側でなにもされていないのが問題である。それは政策側からの社会的要請としての助言の必要性が科学者側に受け止められ、あるいは科学者自身が助言の必要性の共通認識に至ることを前提として、科学者側が態勢を整えるという過程を必要とするが、わが国ではそれが出来ていない。その状況を指摘し、勇気づける科学者へのメッセージを求めて本書を読むと不満を感じることになる。今までわが国の科学者が行ってきたことと、今本書に書かれている緊急を要する状況とがうまく結びつかないという、科学者と

特別寄稿　科学的助言における科学者の役割　　185

社会の関係性にかかわる現実的な状況がその背景にある。

わが国での歴史的な取組み

　いままで日本の科学者が行ってきたことのなかに、西洋の科学が分析偏重であることへの批判があり、それは以下の筆者の著作でも長い間論じてきたことである。まず日本の工学関連の学会で1970年頃から議論されていた「構成の科学」、同様に領域に関する確固たる信念に疑問を呈する領域を否定する科学の提案などの流れは、皆、日本の伝統である日本型 social engagement を志向していたのであり、現在の状況を予見していたといえるのかもしれない[1]。最近でいえば、日本学術会議の第17期（1997）以後に行われた学問論に立脚した激しい議論、科学者の助言を集約する場としての日本学術会議の必要性を主張することで解体からまぬかれた経過などを見ると、わが国の科学者が独自に社会との対話を求めていたことが理解される[2]。一方研究方法についての議論も行われ、日本学術振興会のプロジェクト型の未来開拓学術研究推進事業や、産業技術総合研究所の本格研究、それらの現実的試行の成功などは世界で広く知られるところとなり、科学研究の方法として認知されたものも多くある[3]。これらはいずれも科学者の側から社会と対話するための必要条件を現実行為によって探るものであり、それなりの成果を上げてきたものである。また最近では、科学技術振興機構研究開発戦略センター（CRDS）で行われた"邂逅プログラム"は、より直接に社会的期待を知識生産である研究の出発点に置こうとする試みである[4]。

　しかしこれらが現在話題になっている助言問題に対しては有効に効果しなかった。それがなぜ効果しなかったかという点を明らかにするためには、本書の助言の仕組みの考察とともに、科学者の状況を考察する必要がある。

　2000年前後に国際科学会議（ICSU）に関与して筆者が強く感じたのは、1999年の時点では、科学者一般という意味では欧米では日本より科学至上主義が強

1）吉川弘之「一般設計学序説——一般設計学のための公理的方法」、『精密機械』第45巻第8号、1979年、906-912頁。

2）吉川弘之『科学者の新しい役割』、岩波書店、2002年。

3）吉川弘之『本格研究』、東京大学出版会、2009年。

4）科学技術振興機構研究開発戦略センター「研究開発戦略立案の方法論——持続性社会の実現のために」、2010年。

かったのではないかという点である。序章や終章でも触れられているブダペスト宣言を ICSU として追認する 4 か月後の大会で、国際純粋・応用物理学連合（IUPAP）が強く宣言を否定するところから始まり、かなり深刻な議論が出たが、結局は全会一致で宣言を認めるという過程があった[5]。時系列的にいえば、科学と社会との対話という意味で、学会などでは決して欧米が先進的だったとはいえない面がある。それに対して、科学コミュニティの代表である ICSU は social engagement を古くから先行して考えていたのであり、すでに 1930 年代に科学が領域に分割されてゆく傾向に警告を発し、領域間協力の長い間の成果が地球圏－生物圏国際協同研究計画（IGBP）や生物多様性国際研究プログラム（DIVERSITAS）となった。このことは、科学者一般と科学コミュニティとの関係の歴史をよく示しているといえる。最近提案された Future Earth は、この領域統合で地球環境問題を考える ICSU の成果に立脚していることを十分に考えなければその意義を理解することはできない。

　日本と世界で異なる流れがあったにせよ、科学の自治確立と、それに続く社会との対話というプロセスは、基本的には同じ方向で動いてきたように思われる。しかも上述のように日本が進んでいた面もある。それなのに、日本は社会と科学の対話、特に助言という点で遅れてしまったのはなぜか。それどころか、対話、助言の必要条件である科学者の社会からの信頼を失ってしまったというのはいったいなぜなのか。このことを科学者の視点で探るのが、わが国に助言システムを確立するために必要な一つの緊急課題であると私には思えるが、現在の科学研究の環境を考えるとおそらくそれは簡単でない。

科学者の助言活動への参画のあり方

　本書には、科学者の役割について多く書かれている。例えば、科学的助言者は誠実な斡旋者（honest broker）でなければならず、政策オプション（policy option）を提供するものであり、それはリスク評価側の役割と考えうるという論理（第 1 章 2）は明快であり、科学者にとって有益な示唆である。また科学的助言者は、社会のあらゆる利益集団から独立であり、科学内の学説に対しては中立・平衡でなければならないという点も正しい枠組みを示している。また政策

---

5) ICSU Annual Report 1999, pp. 37-46

における意思決定は政策者にあり、科学者は専門的見地だけに基づいて政策の意思決定に介入してはならないという点も、わが国の科学者にとっては重要な視点である。このように、本書の多くの部分はわが国の科学者にとって有益である。

　しかしより現実的に、競争的資金を獲得せよ、研究論文数を増やせ、研究課題を差別化せよ、と言われながら、次のポストを探さなければならない科学者、特に若手、中堅科学者が、本書のメッセージを正当に読み取ることができるだろうか。おそらく本書を読む科学者は、問題の本質をかなり理解すると同時に、自分たちが何をしてよいのかについては提案がないと考えることになるのではないか。特に第8章においては、助言体制が進化し、シンクタンクが充実し、膨大なエビデンスに基づいて科学技術基本計画が書かれるようになったことが述べられているが、これは基本的な助言体制が準備されてしまったと読めるから、一般の科学者はこれ以上何もする必要がないと考えてしまう恐れがある。

　あらためて、研究を先導した実績をもつ優れた科学者がどのようにして助言を含む科学と社会の対話に参入するか、その可能性を考え、実現のための方法を考えることが必要である。実はこのことは科学者自身で考えることが必要条件であり、事実そのための努力が科学コミュニティのなかで行われてこなかったわけではない。上述したような日本型 social engagement の歴史があったことを忘れてはならないし、最近の経過をみても研究現場の科学者の個人的努力、省庁の中の科学者の、これも個人的努力が多くあった。これらを可視化しながら、助言体制のなかでの科学者の現実的役割を明示することが求められている。

　助言体制の確立という、政策者側と科学者側との、異なる役割をもちながら同じ地平に立った対等の対話を可能にする理念に基づき、両者の役割を具体的に記述するビジョンが必要であると考える。

2　科学者の役割

助言の分類

　科学者の政策立案者に対する助言とは、本書の最初に書かれているように、厳密な分類は難しいにせよ基本的には二つある。

第一は「Policy for Science（科学のための政策）」で、科学技術政策を作るために必要な助言である。この助言はさらに二つに分かれ、1番目は科学を護るための政策助言である。科学研究には科学の自治に基礎を置く「研究の自由」という自由がある。研究課題選択の自由、研究場所選択の自由、発表の自由。学会発表には何の制限も課せられない。また、学説をもつ自由があり、当然のこととして政治、宗教からの自由がある。ところでこれらの自由は誰かが決めたものでなく、歴史的に科学が成立するなかで生み出された一つの伝統であり、今も厳然として存在する。

　ICSU で、外部評価委員会が 1996 年に出したシュミットレポートのなかにこのことが明言されており[6]、それは伝統の再確認と同時にこの自由に対して必然的に責任が生じることの文脈で述べられていて、科学者と社会とが合意して護る政策をもつべきだとしている。

　シュミットレポートのなかで自由がある以上責任があるということが明確に言われているが、研究発表に際してはその正当性は科学者同士で判断すること、外部者の判断でなくピアレビュー（同僚審査）であることが基本である。また科学研究の倫理として、捏造、剽窃、偽造、また他人の研究の流用や他人の研究の妨害は決して許さない。これは自由に対する責任という原理的な根拠で言われると同時に、研究課題の専門性から言って必然であることが指摘される。最近では知的財産に関係する発表の自由という問題があり、これは非常に難しい内容をもっており、現在国際的にも必ずしも合意が得られているとはいえない。レポートではさらに踏み込んで基礎研究と応用研究のバランスというような研究の質も科学者自らが決めてゆくこととされていて、これは現在わが国においても重要な課題であり、政策決定とは別に、科学者が自ら考える事柄であることの認識が必要である。

　ミスコンダクトが許されないのは、外部の要請あるいは法律ではなく、科学者に研究の自由が与えられていることに対応して必然的に生じる原則なのである。国際的に最近はこのことが当然のこととして言われるようになった。したがって不正禁止を目的として外部に法的機関を作ることを主張するのは、科学者コミュニティが自由を放棄したことを意味する。科学者はまず自ら不正防止

---

6) "Final Report ICSU Assessment Panel," October 1996.

のためできることについての十全の努力をするべきである。そのうえで防げないことがあったとして、その不正の態様を慎重に見極めたうえで外部機関を認めるのでなければならず、そうしないと科学研究の自由が劣化してしまう。

研究不正を防ぐことは科学者が社会から信頼されるための基本条件であるが、それを外部機関ではなく自らが行わなければならないことには理由がある。それは科学者とはどのように思考するのかを考えることなしには不正はなくならないからである。まず科学者は夢をもつ。その夢を実現するための道筋をだれにも教わらずに自分で考える。これが発見への道である。それを実現するために研究計画を立て、研究を実施し、研究発表し、そしてその発表の成果が社会に影響を与えることを認識して、次の段階の新しい夢をもつ。

大事なことは、この長い思考の過程のそれぞれにミスコンダクトが入り込む可能性があるという点であり、それを認識して不正を自ら防止するのが不正防止の本来の姿でなければならない。研究過程のそれぞれがもつ固有の不正のリスクは「研究の病理」と呼ぶことができるが、人間がいつも健康ではいられなくて時には病気になるように、研究者には研究の病理があっていつ入り込んでくるかわからない。このことを認識して、病を自ら予防しようという視点が必要である[7]。

研究過程の各段階で予防薬というべき仕組みが本来備わっていると考えることもできるのであり、夢に対しては社会一般、次に立てる道筋は仮説の連鎖で、その段階での議論はより広い学術領域の人を交えての議論が必要となる。科学コミュニティの中の近い研究集団、特に学派における議論が有効であると考えられる。もちろん公的な研究費配分機関は研究計画の不整合を見抜く機会をもっている。それから、研究実施の部分では研究機関、大学や研究所さらに研究室が特効薬であり、その意味で不正についての直接責任があると考えるべきである。発表では学会が不整合発見の使命を担っていると言ってよい。そして最も重要なのはもちろん研究者自身であり、不正というよりも研究の不整合について判断する固有の機会が、研究の途上で常にあると考えなければならない。このような科学研究の本質に関わることがらについての政策に対する助言が、Policy for Science の第 1 の種類であるということができる。

---

7) 吉川弘之「研究の病理を考える」、『産総研 TODAY』第 4 巻第 5 号、2007 年。

Policy for Science の 2 番目は、科学者が自分の研究領域の重要性を主張して研究費の獲得を図る場合である。科学者で自分の研究分野が一番重要な分野だと思わない人はいないはずであり、これは課題選択の自由に基づいてテーマを自分で選んでいるのであるから当然である。政策立案者にとってどの科学者がどれくらいの重さで各分野を考えているかという情報を知ることは重要であり、研究推進のために必要な政策助言であるといえる。しかし、ここで留意すべきことは、この科学者による政策助言は、総体として整合的な構造をもたず、それどころか相互に競争し対立しあう主張の集合体である。この重要ではあるが対立をはらむ科学者の主張に調和的構造を与える者は、少なくとも現在のところ科学者ではない。それは、より広い国民の判断によって決定されるべきものである。

さて、次の話題が第二の助言「Science for Policy（政策のための科学）」である。現実に科学技術政策以外にもいろいろな政策があり、例えば自然災害における被災者に対する救援措置を決める政策を考えると、その方法、そのための予算など、これは政治あるいは自治体が決めることと考えるかもしれないが、その決定には科学的知識が深く関係している。

3.11 の津波による原子力発電所事故は、典型的な例である。自然災害の発生に関する予測、評価の問題、自然災害が起こったときに人工物がどういう被害を受けるか、そして周辺住民への影響に関する予測の問題、あるいは起こったときにどのように対応するかという対処の問題など、すべて科学的知識が関係していると言わなければならない。したがってこのような問題にかかわる政策決定に科学者が助言していかなければ正しい政策は作れないことになる。科学の影響がこれほど大きくなった現代社会は、科学者の正当な助言がないためにその影響が悲劇的になる可能性をはらんでいると言わなければならないであろう。このように、科学政策以外の一般政策についても、科学的助言が必要な場合が非常に多くなってきたのが現代の特徴である。

Policy for Science が科学者自身の研究のための助言であるのに対し、Science for Policy は科学者にとって自分の研究を進めることには直接関係ないために関心がもたれないことが多かったのであるが、それは前述の科学者の倫理に深くかかわる事柄であり、科学的知識が深く関係する一般政策に自らの科学専門知識を役立たせようとしないのは、重大な倫理違反であると考えなければなら

ないであろう。しかしながらこの課題は決して簡単に実現できるものではないことを知らなければならず、それを検討するのは科学コミュニティの重要な使命であると考えられる。ある政策にどのような分野の科学知識が関係するのか、それは多分野にわたる複雑な構造をもっており、自明でないことが多く、個々の専門分野で日常的な研究を続ける科学者には気付く機会は少ないのが現実である。以下に述べるように科学者から選ばれた集団である科学コミュニティにしか対応できない内容をもっており、したがって科学コミュニティの重要な使命なのである。

独立性と中立性

　Science for Policy における科学者の助言は、「独立で、平衡がとれており、党派性がない」ものでなければならないとされる。この種の助言は、その結果が社会の中の特定集団を利する可能性があり、そのため陳情などの圧力が助言者である科学者にかかる可能性がないとはいえない。そこで圧力に決して屈しない「社会の利害からの独立（independence）」が重要な条件となる。そのうえで科学分野を通して平衡がとれており（balanced）、科学者の間の論争における中立性（neutrality）、そして一貫性（coherency）も求められる。しかも助言は科学的に立証可能で論理的整合性をもつものであることが望ましいが、現実にそのような助言は簡単にできない。科学は常時進化していて最終的にこれが正しいということはいえないことが多いのであるが、そのような状況を越えて最も正当であると考えられる助言をどのようにして作るか、これが科学者に課せられた困難ではあるが避けられない使命であり、それは現代の科学者にとって深刻に考えるべき事柄である。

　独立性、中立性を決める要因としてどういうものがあるのかを考えてみる。関連する課題の科学的確実さがまず問題になる。しかし新しい政策決定に影響する科学的知識は、過去に例のない状況を含むことが多く、したがってまだ科学が定説になっていないようなものが多いという宿命を負っていると考えなければならないのであって、科学者によって考え方が違うような問題が出てくる可能性が大きい。独立性は、基本的には科学者自身の意思で守ることができるが、中立性は難しい。もちろん社会のある利益集団に利するような見解をもつことは論外であるが、当該分野の学説が複数あるとき、どの学説をもつかは自

らの科学的信念によるのであるから、複数の見解があるのが一般的である。科学的な確実さが科学者の間で合意されているときは、それに従う助言が中立であることが保証されるが、そうでないときは科学知識の不確実性が原因で中立的見解をとることができない。そのような場合は、そのような結論が集約しない状況を政策立案者に伝えることしかできないのであり、あとはできるだけ早く確実な見解を得るための研究が求められることになる。

　また、どういう政策をとれば、どういう影響が社会的に起こるかについての科学の観点からの見通しを立てることも必要となる場合がある。その時、社会的あるいは政治的な文脈というものがあり、例えば日本がこういう国になりたいと人々が考えているような状況では、科学的な冒険を冒しても政策決定をするなどもありうることである。このように課題によってさまざまな考え方がある場合、結局独立的、中立的であることという原則を守りつつ検討を進めることになる。いずれにしても特定者のためになることを意図しての政策助言、あるいは科学者の中の少数の見解を声が大きいというだけで前面に出す助言などは、科学者の助言ではないとするのである。

福島第一原子力発電所事故からの教訓

　東京電力福島第一原子力発電所事故においては、メルトダウンが起こっているのか起こっていないのかについての科学的推定が、科学者から政策決定者に正しい形で届かなかった。そもそも情報の不足が原因で、直後にそれを正確に推定することのできる科学者はいなかったし、したがって放射性物質の拡散も推定は不正確にならざるを得なかった。しかし政策決定者は住民に避難命令を出すことを迫られていて、結果的に時間を追って避難の範囲を拡大するという混乱を招いてしまった。このような混乱は、緊急時の的確な政治判断ができなかったことが原因であると言われるが、その背後に科学者から決定に役立つ助言が得られなかったことが原因の一つであったことを否定することはできない。

　避難を決める線量基準にしても、国際的合意についての多様な解釈のために一致した見解が出せず、個人的に政府に招かれていた科学者たちが複数の助言をして政策決定者を混乱させることも起こったのである。自分の助言が通らないことで政策決定者を非難した科学者がいたが、それは二重の意味で間違っているというべきである。まず多様な見解のある問題について他の科学者との相

談なしに自己の固有の見解で助言を行ったこと、そして決定は政策決定者が全責任をもって行うことへの理解がなかったという二つの点である。しかしこのようなことが2011年の時点で起こったのは科学者個人の責任に帰することはできず、当時、科学者の助言と政策決定者の役割についてわが国で明確な合意がなかったことが原因であり、そのことを科学コミュニティは厳しく受け止め、その合意を確立する努力をしなければならない。

　まず科学的助言を実行する組織そして個人を、緊急事態が起こる前の平常時に決定しておくことが必須である。政策決定者は決定の権限をもち、したがってその結論に対しては100％責任がある。しかしながら、助言をした科学者には責任はないのかというと、もちろんそうではない。科学者の提言が受け入れられたとき、決定の結果には当然科学者にも責任がある。しかし助言を受け入れるか入れないかは政策決定者の自由であり権限である。したがって決定によって損害を受けた者に対する直接的な責任は決定者が負うしかない。一方科学者の責任は、多くの場合複数の専門にわたる科学者の合意のもとに助言が行われるので、第一に助言の根拠となった複数分野の科学的見解のそれぞれがどのようにして導出されたかが問題となり、次にそれらを統合して助言を決定する過程に関する責任が問われ、科学者としての専門的判断の根拠の修正という、科学者にとっては深刻な、ある場合は致命的な責任を取ることが要請されることになる。これらはいずれにしても最もよい政策決定をすることが目的で、助言を繰り返しながら政策決定者と科学者がともに学習し、助言の質と、したがって政策の質を向上することを続けるしかない。例えば政策決定者が科学者の助言どおりでない政策決定をする場合には、なぜ、科学者の助言とは違う決定をしたのかということを社会的に理解できるように説明する義務を生じさせるなど、両者の関係を相互信頼のもとに進化させる構造がどうしても必要なのである。

　このように、科学的助言のなかには難しい問題が多くある。米国、英国には伝統的に大統領、首相に科学補佐官が設置されているが、最近になって各国に首相（大統領）に対する科学助言者が設置され始めたことは本書に詳しく述べられている。しかも助言者を中心とした国際会議が年毎に三つも四つも開かれ議論が行われることになっているという。残念なことにわが国はそういった議論がほとんどされておらず、したがって国際社会で主導権が取れない状況にあ

る。これは現代の科学者が果たすべき責任ということで非常に大事なことであり、できるだけ早い機会に政策決定に対する科学者の助言はどうあるべきなのか、その内容と組織、そしてその助言に対する科学者の責任、助言を受けた政策決定者の責任はどうなるのかなどを十分に議論し、国民的な理解を得ることが必要であると考える。

有益な助言を作り出す仕組みの必要性

ここで助言についてやや詳しく考察することにする。その内容は、科学者による社会にとって有益な助言である。このような視点に基づく言明とはどのようなものか、それは科学者にはほとんど顧みられることがなく、したがって言明がもつべき内容についての検討も行われてこなかった。しかしこのことは助言の瞬間のみならず、科学研究において常時考えなければならないことなのである。

すでに述べたように、科学者の世界には、科学研究、あるいはその基盤としての科学的思想における対立が必然的に存在し、それを戦わせることによって科学そのものの進歩を図るという使命があり、それは科学の正当な推進のための基本的な形であり、これを護ることは科学研究の自由として科学の根幹にかかわる条件である。このような本質をもつ科学者が、助言のために合意するのは、とても難しいことであると考えなければならないであろう。しかしながら現在科学者に与えられた課題は、科学の進歩の必要条件である学問上の対立を際立たせながらする議論と、政策者にとって有益な知識を提供する助言創出のために必要な合意とを両立させるということであり、これが科学者の二つの独立の使命として課せられていると考えなければならない。これは困難な課題であるが、確かなことはこの二つの使命を一人の科学者が行うことはほとんど困難であり、そこに科学者が集団の討議を通じて有益な助言を作り出す仕組みが必要ということである。実は政策、特に国家の政策においては、同じ課題に対して複数の政策を制定することは許されず、政策は一つであるから、有益な助言とは多くの科学者が事実に基づいて行う多数の助言ではなく、科学者の一つの声であることが期待されている。この使命を果たしうる集団とは、各国に存在するアカデミーであると考えられる。

そのことの認識により、世界ではアカデミーの代表機関である ICSU や国際

社会科学協議会（ISSC）が、そして各国ではアカデミーがその役割を果たすようになってきた。米国の全米科学アカデミー、イギリスのロイヤルソサエティ、フランスのアカデミーフランセーズ、ドイツのアカテック等が合意した声を提供する努力をしている。合意した声は、ユニファイドボイス、ユニークボイス、コンセンサスボイスなど、まだ国際的にも呼び方は定まっておらず、したがって必ずしもその概念が定着しないまま、しかし政策立案者にとって有益な助言をする責任があるという認識では一致していて、そのあり方を実行を通じて探っているという状況である。助言のための特別な組織を作ることもある。米国には全米研究会議（NRC）がアカデミーと別にあり、英国では最近ロイヤルソサエティのなかに科学政策センターを作った。そして、首相、大統領をはじめとする政策決定の中枢に助言する科学顧問が正当な助言をするためには、アカデミーの決定を十分に理解していることが前提となる。

　すでに述べたようにわが国においてはこの仕組みが十分でないが、その結果困難なことが歴史的に起こっており、ここでそれらに触れておこう。

　すでに述べたように政策のための科学（Science for Policy）においては基本的に合意が取れる場合ばかりではないのは明らかで、次のような段階があるとされている。①合意、②合意には至らなくてもはっきりしたいくつかの助言案がまとめられる場合はその支持比率をつけて助言、③案毎に予想される政策の効果を示して助言、④結論が出ない場合、出なかったということを正直に助言し、結論を出すための会議を公開して検討を継続、などである。そして、イデオロギーや特定集団の利益のために提案・勧告するのも確かに助言ではあるが、それは有害な助言と呼び排除することが定められている。

水俣病の事例

　中立的で独立な科学的助言が必要だったわが国の例で、最も深刻なものとして水俣病を挙げなければならない。1953 年当時は、有機水銀が生じる害について科学的証拠を挙げることができず、工場廃棄物が人体に影響を与えることはないという学問的見解があった。しかし一方では、地域住民の発病に対して疫学的に疑った科学者がいて、病気の原因物質は企業の廃液からできたのだということを主張するが、当時の知識では明快な科学的結論が出せなかった。このような科学的解釈の不足は対応政策上の対立を起こしてしまう。企業および

政策決定者は経済振興に有利な考え方を採用して、結果的には被害を受けた人々に大きな損害を与えてしまった。これは私たちの日本の歴史にとっては非常に悲しい事件であるが、このことを今、科学者が深刻に受け止めることが必要であり、当時の科学者がとらなければならなかった状況の考察を含めて反省しなければならず、それがこれからの助言体制を作っていくための根拠として位置づけられる必要があると考える。

いまから思えば、人命に影響のある大きな問題についての助言が科学的知識の不十分さによって合意できないことが明らかになったとき、国家的に、あるいは科学者の責任において、可能な限りの研究予算を投入してその解明に資する研究成果を出すべきであったと言わなければならないのであろう。そしてここで考えなければならない重要なことは、水俣病を反省しつつ私たち現在の科学者がその観点で十分な態勢を確立できたのかということである。現在の問題として原子力発電所の事故を考えるとき、筆者は残念ながらこの問いに対して肯定的な答えをすることができないのであって、これは科学コミュニティとして緊急に検討し行動を起こすべきであると考えている。

最近の動き

原子力事故の事例において、被害者に影響する復興、健康管理、賠償などを決めるのは広い意味での原子力行政にかかわる政治や行政であるが、それに対して科学者が適切な助言をしているのかどうかが一般には知られていない。これから長く続く廃炉問題も含めてできるだけ問題点を明らかにし、有益な助言を準備するという意識が科学者にとって必要だということは、多くの科学者が理解し、その課題について研究している者もいる。しかし理解、意識、個人的研究だけではなくて、社会、すなわち政策決定に有効な言明を発する仕組みのために行動を起こさなければならない。それが採用されるかどうかは別の課題で、政策者との合意を必要とすることである。

さらに危機における助言には特有の難しさがあり、科学者の行動にはフェーズによって異なる助言の仕方が必要になる。危機が発生する前にはその危機を起こす原因がゆっくりと拡大する時期があり、それに対する助言は独特のものである。そもそも技術開発開始の決定に際しては、開発開始を前提とはせずに、開発を決定してよいかどうかを判断する助言が必要で、それは独立で中立的な

ものでなければならない。開発決定後は、建設のプロセスに対する助言が必要となる。

　そして万一の事故が発生した時が危機における助言を必要とする瞬間である。発生した瞬間およびそれに続く極限的な時期（acute phase）にはどういう助言をすればよいのか、それから、ある程度の安定にまで回復する時期（chronological phase）はあらゆることが時間的に変化する時であるがその時にはどんな助言をすればよいのか、更にその後の何年も続く復興期（restoration phase）にはどういう助言をすればよいのか。実際に福島の事故後に、政策者を含めて現地の人々に対してよい助言ができたのか、個々の科学者が悩み努力しまた行政の現場の人々がそれぞれの被災地で大変な苦労をしていることがある一方で、社会的な仕組みとして決して満足ゆく助言ができているとはいえない。そしてそれは福島に限定されず、日本社会の経験である水俣を含む数々の歴史的経験を生かすことができていないことを示していると言わざるを得ない。そこには「社会の記憶」の軽視と、被災者と助言者とのより緊密な関係確立の努力の不足があると思われる。このことに対し、私たち科学者は深く反省するべきであるし、今後の計画を立てることの努力を緊急に始めるべきである。

　科学コミュニティと政策決定者の間に必要な関係が明確に定められていないまま行われる現在の社会的意思決定は深刻な問題をはらんでいるという認識の下で、助言組織を含むその明確な仕組みを作るための委員会が設置されたことがある。それは「科学技術イノベーション政策推進のための有識者研究会」（内閣府）であり、2011 年 12 月 19 日に公表された報告書のなかで科学顧問の必要性が主張され、その組織についての提案が行われた。その提案の全面的な実現は簡単ではないが、2015 年には外務大臣の科学技術顧問の設置が決定され、実際に顧問が就任した。科学者は顧問に対し十分な情報を提供し、顧問から大臣への助言が有効なものになることに努めなければならない。情報提供に関しては制度上の組織も作られたがこの制度が将来さらに発展することが期待されている。この過程において科学者はその仕組みを十全に生かしながら顧問の活躍を支援することが必要である。この制度の成功は科学者の責任がきわめて大きい。

3　助言者としての科学者のあるべき姿

科学者に要請される行動

　この時点で、このような状況においてあるべき科学者の像を考えることが必要であろう。簡単にいえば、科学者にとっての二つの関心が科学者コミュニティのなかで並行して作動するということである。一つ目は自身の研究課題のもとでの研究行為に没頭する研究者としての科学者の関心であり、二つ目が自らの課題との関係に固執せず、科学全体を俯瞰しながら社会との関係を考える助言者としての科学者の関心である。この二つの関心は、一人の科学者のなかで成立することもあるが、科学コミュニティのなかで分担することもある。

　先に述べたように、Policy for Science は科学技術政策立案への助言であり、Science for Policy は科学技術が主題でない場合も含む一般の政策問題の立案への助言であった。したがって科学コミュニティからの科学助言に関する発信は二つあり、現在のところ前者については総合科学技術・イノベーション会議の専門調査会や各省の審議会の審議、専門学会の要望、大学・研究機関からの発信、研究費配分機関の調査などによって流れる情報が、科学のための政策を作成するうえで有効な助言となっていると考えられる。この場合の課題は科学技術研究であるから、すべての科学者が関心をもっており、参加者の数は十分確保でき、情報は豊富である。

　それに対し、後者の政策のための科学（Science for Policy）の情報が伝わるルートが現在のところまことに"細い"と言わなければならないのが問題なのである。

　政策は多岐の分野にわたり、それらの起案は各行政省庁に分散して行われる。そして専門的知識が必要な場合、各省はそれぞれ科学者を選出して意見を聴取する委員会をもつこともあるが、そこでの結論は必ずしも独立、中立な助言とはいえないのが現実で、国際的常識における「科学者を代表する科学的助言」の範囲に入る段階に達していない。その結果、各省庁の政策は科学に関する限り全体的視点の不十分なまま立案されていると言わざるを得ない。その解決のために、科学者の俯瞰的視点に基づく政策のための科学に関する助言が政策立案者に届くルートを"太く"することが求められているのである。

特別寄稿　科学的助言における科学者の役割　　199

そのために科学者が政策決定に対して助言する制度が必要なことは言うまでもないが、それは本稿の前の、本書の本文で詳述されている。本稿では本書で書かれた提案のなかで科学者はどのような行動をするべきなのか、その要請を述べてきたのであった。それは決して容易なものではなく、科学者の一部が研究現場を離れ科学と社会とを俯瞰的に見る立場に立ち、政策問題、特にScience for Policy の助言作成で、あるいは助言を実際に行う場面で仕事をすることの要請であった。それは急に必要になったとか、世界の趨勢に従ってというようなことではなく、わが国の科学と社会との関係を長い歴史のなかで考えたことによる必然的な要請であると言わなければならない。

　諸外国では助言者の資質としては研究経験があること、それも一人前の研究論文を書いた経験か、あるいはそれに匹敵する経験をもつことが不可欠であると言われる。ポスドク後に政策分野に進む者、研究成果を上げて次の課題に移ろうと考えている時期に一時的に政策分野に身を置く者、豊富な研究経験を終えてから政策分野に身を投じる者などいろいろな場合が認められる。現実には、その人たちが社会的に安定したキャリアパスを辿れることが必要条件であり、大学・研究所・企業の研究者のキャリアとの接続はもちろんのこと、それ以外に政策シンクタンク、大学・研究所・企業の研究管理部門など多様なポストが準備されて科学コミュニティの一部をなし、それが社会にとって必要な情報を生み出す場になっている。科学コミュニティの一員、すなわち社会の利害に深くかかわる政治から独立・中立であることを原則としながらも、その専門的能力から言って政府の中の科学者（Scientists in Government）の立場に立つこともありうる。実際にそのような人事交流もあるようであるが、その場合には厳密に立場の変化を意識することが求められている。

科学的助言者の資質とスタンス

　さて、ここで今まで述べたことで、科学コミュニティを代表して政策立案者に助言する科学者とはどのようなものかを以下のように簡単にまとめておく。①科学コミュニティの一員であって、科学者全体からの支持を得ながら、しかし立案者の近くにいて立案者にリアルタイムで助言しながら政策立案に協力し、したがって立案者からも信頼を得ている科学顧問、②科学コミュニティを代表して助言の根拠となる科学的知見を取りまとめる科学者、③助言に必要な科学

技術情報を集めて助言を作成する科学者を支援しながら、科学者の多様な意見を集約、思索する中立的シンクタンクを構成する科学者などであり、以下のようにまとめられる。

科学顧問

1. 科学顧問は、科学コミュニティからの助言を理解したうえで政府（首相）に、行政ミッションから独立した中立的な助言をし、また政治的意思を科学者に伝える。
2. 科学顧問は、科学技術に関して、政治的意思と科学者の役割意識との結節点である。
3. 科学顧問は、政治家、科学者の両者から信頼されなければならない。
4. 科学顧問は、科学コミュニティにおける透明な選出過程を経て推薦され、政治的に明確な位置づけをもつものとして国会によって任命される。
5. 科学顧問の能力：
　　①優れた研究教育の実績、
　　②科学領域に関する俯瞰的視点、
　　③科学技術と社会の関係についての歴史的理解、
　　④政策に与える科学技術の効果についての洞察力、
　　⑤エビデンスに基づく科学技術政策の推進と理解
6. 科学顧問の資質：
　　①日本、さらには世界の科学者を代表する強い意志力、
　　②自己の科学領域、所属機関の利益にこだわらない倫理性、
　　③世界における日本を位置づける国際性、
　　④科学の特定領域の声量に負けない頑強な公平性・中立性、
　　⑤社会の特定集団の利益からの独立性

科学コミュニティを代表して助言する科学者＝中立的助言者（アカデミーが中心）

1. 科学コミュニティは、科学技術に関係をもつ政策に対する中立的助言に必要な見解を提供する代表機関をもつことを公的に定める。
2. 科学アカデミーが科学コミュニティを代表する[8]。したがって科学アカ

---

8) わが国ではアカデミーを代表する機関は、日本学術会議であることが法律で定められている（日本学術会議法、1948 年 7 月 10 日法律第 121 号、最終改正：2004 年 4 月 14 日法律第 29 号）。

デミーは政策助言が必要な事案について、助言にエビデンスを与える該当科学情報を取りまとめておく責任を負う。情報は科学顧問に提供されるが、科学コミュニティと科学顧問の実際の接点はアカデミーが行う。

3．科学アカデミーの会員である科学者が助言について検討を行うときは、自己の領域の利害と完全に離れることが必要である。しかし自己の領域の知識について最大の情報を提供する。このことが、科学アカデミーが中立的助言を提供する機関として社会から信頼されるための必要条件である。

4．科学者は、上述のような科学顧問および政策的助言作成のための中立的シンクタンクの存在を、自らの役割意識を通じて理解し、歓迎し、協力する。

5．科学者は、研究、教育に次ぐ第三の使命である社会への助言について、自らの問題としてその重要性を認識すると同時に、助言作成に協力する責任をもつ。

6．科学者は、助言作成の協力において、科学技術の社会的影響について、特に自らの研究の影響について深く考察しなければならない。

7．科学者は、自らの学説を主張するだけでなく、他の科学者の対立する学説の存在を認める能力を持たなければならない。

8．科学コミュニティは、アカデミーの会員に対して上述のような科学者像を期待するが、それを強制すること、あるいは異質な科学者を排除することはしない。

中立的シンクタンク

1．科学者としての自覚をもち、科学の自治に基づいて思索し行動する。

2．研究能力があり、第一線の研究者と対等に議論できる。（そのためには研究経験をもち、少なくとも数編の科学論文あるいはそれに相当する論文を書いていなければならないであろう。）

3．自らの専門だけでなく、他の分野の研究状況についての知識をもち、俯瞰的に考える意欲と能力をもたなければならない。

4．研究の個別の遂行だけでなく研究の立案にも関心をもつことが求められる。（研究立案は、研究行為の最初のフェーズであり、研究の一部である。例えば社会的期待発見研究。）

5．科学技術が社会に及ぼす影響について、恩恵、脅威のいずれにも関心を
　もっていなければならない。

6．自らの専門の進展を期待するのでなく、科学技術全体が人類にとってよ
　きものとして進展することを期待する。

7．現代社会に生きる人々が科学技術に対してもつ期待に関心をもつ。

8．科学技術が社会に恩恵をもたらす過程についての知識をもち、また企業
　によって主導されるイノベーションについて理解する。

付　録

年表　社会、科学技術、科学的助言関連の出来事 1

年代	社会の主な出来事	科学技術に関連する主な出来事
1940		
	ヤルタ会談（'45）	報告書「科学——果てしなきフロンティア」（'45）
	第二次世界大戦終結（'45）	**原子爆弾の開発・投下**（'45）
	国際連合設立（'45）	
		世界初の実用電子デジタルコンピュータ完成（'46）
	日本国憲法施行（'47）	
		トランジスタ発明（'48）
	中華人民共和国成立（'49）	湯川秀樹が日本人として初めてノーベル賞（物理学賞）を受賞（'49）
1950	朝鮮戦争（'50）	全米科学財団（NSF）設立（'50）
	サンフランシスコ講和条約発効（'52）	
		DNA 二重らせん構造の発見（'53）
		米国アイゼンハワー大統領「Atoms for Peace」演説（'53）
	自民党長期政権開始（'55）	*森永砒素ミルク事件*（'55）
	日本が国際連合に加盟（'55）	
	高度経済成長スタート	
		ソ連が世界初の人工衛星**スプートニク 1 号を打上げ**（'57）
		米国で NASA および国防高等研究計画局（DARPA）が設立（'58）
		米国で大陸間弾道ミサイル（ICBM）が実戦配備（'59）
1960	日米安全保障条約締結（'60）	水俣病が社会問題化
	キューバ危機（'62）	レイチェル・カーソンが『沈黙の春』を出版（'62）
	日本が OECD に加盟（'64）	東海道新幹線開通（'64）
	東京オリンピック（'64）	
		公害対策基本法制定（'67）
	日本の GNP が世界第 2 位（'68）	大気汚染防止法制定（'68）
	核不拡散条約（NPT）（'68）	*カネミ油症事件*（'68）
	十勝沖地震（'68）	
	大学紛争（'68）	
		アポロ 11 号による世界初の有人月面着陸（'69）
	ベトナム戦争の泥沼化	インターネットの原型である **ARPANET 構築開始**（'69）
1970	大阪万博（'70）	
	ブレトン・ウッズ体制終結（'71）	環境庁発足（'71）
	米中接近（ニクソン訪中）（'72）	**トランス・サイエンス概念の登場**（'72）
	沖縄返還（'72）	国連人間環境会議（ストックホルム会議）（'72）
		ローマクラブ『成長の限界』公表（'72）
	第一次石油ショック（'73）	遺伝子組み換え技術の確立（'73）
		原子力船むつ放射線漏れ事故（'74）

表中イタリック文字は、本書第4章から第7章でとり上げた個別分野の出来事を示す。

本書で取り上げた科学的助言関連の出来事

国連教育科学文化機関（UNESCO）設立（'46）
国際学術連合会議（ICSU、98年に国際科学会議に改称）とUNESCOの連携関係構築（'46）

世界保健機関（WHO）設立（'48）
食品衛生法制定（'48）
日本学術会議設立（'49）
世界気象機関（WMO）設立（'50）

科学技術庁設置（'56）
米国で大統領科学顧問が任命、大統領科学諮問委員会（PSAC）設置（'57）

科学技術会議設置（'59）
新薬事法制定（'60）
米国アイゼンハワー大統領が離任演説で軍産複合体について警告（'61）
米国のチャールズ・キーリングが長期的な二酸化炭素濃度の上昇傾向を実証（'61）

米国のハーベイ・ブルックスがPolicy for ScienceとScience for Policyの概念を導入（'64）
英国で政府主席科学顧問が任命（'64）
文部省測地学審議会が地震予知研究計画を策定（'64）
サリドマイド事件をきっかけに「医薬品の製造承認等の基本方針」が策定（'67）

地震予知に関する調査・観測・研究結果等の情報交換を行う地震予知連絡会が設置（'69）
ICSUが環境問題科学委員会を設立（'69）

米国議会に技術評価局（OTA）が設置（'72）
米国でニクソン大統領により大統領科学顧問および大統領科学諮問委員会（PSAC）が廃止（'72）
米国連邦諮問委員会法が制定（'72）

付録　207

年表　社会、科学技術、科学的助言関連の出来事 2

年代	社会の主な出来事	科学技術に関連する主な出来事
1970		アシロマ会議が遺伝子組み換えに関するガイドラインを審議（'75）
	ロッキード事件（'76）	
		世界初の PC・Apple II が発売（'77）
	第二次石油ショック（'79）	スリーマイル島原子力発電所事故（'79）
1980	イラン・イラク戦争（'80）	
		スペースシャトル初号機打上げ（'81）
		IBM 産業スパイ事件で日本企業社員らが逮捕（'82）
		米国で戦略防衛構想（SDI）計画開始（'83）
	プラザ合意（'85）	米国が競争力重視を明示したヤング・レポートを公表（'85）
	急激な円高	**チェルノブイリ原子力発電所事故**（'86）
	日米経済・技術摩擦	スペースシャトル・チャレンジャー号事故（'86）
	国鉄分割民営化（'87）	
		米国企業が日本メーカーを相手取り相次ぎ特許訴訟
	ベルリンの壁崩壊（'89）	
	消費税 3% 導入（'89）	ヒトゲノム計画開始（'89）
1990		
	バブル経済崩壊	World Wide Web 登場（'91）
	ソビエト連邦崩壊（'91）	
	欧州連合（EU）発足（'93）	我が国でインターネットサービスの民間開放（'93）
		ロシアも参加する国際宇宙ステーション計画開始（'93）
		米国で超伝導大型加速器（SSC）計画の中止決定（'93）
		環境基本法制定（'93）
	阪神・淡路大震災（'95）	高速増殖炉「もんじゅ」ナトリウム漏れ事故（'95）
	地下鉄サリン事件（'95）	**科学技術基本法制定**（'95）
	世界貿易機構（WTO）設立（'95）	
		第 1 期科学技術基本計画が閣議決定（'96）
		英国で BSE への人への感染が社会問題化（'96）
	アジア経済危機（'97）	*COP3 において京都議定書採択*（'97）
		東海村で JCO 臨海事故（'99）
		ICSU・UNESCO 共催の世界科学会議で**ブダペスト宣言採択**（'99）

本書で取り上げた科学的助言関連の出来事

米国で大統領科学顧問が復活（'76）
地震予知研究のための地震予知推進本部が設置（'76）

*東海地震発生に対する社会的不安を背景として**大規模地震対策特別措置法**が制定（'78）*
短期的地震予知に向けた地震防災対策強化地域判定会が気象庁の私的諮問機関として設置（'79）
1960年代後半の整腸剤キノホルムによる神経障害（スモン）大量発生をきっかけとした薬事法改正（'79）

米国NRCがリスク評価とリスク管理を区別すべきとする原則を提示（'83）
日本学術会議の会員選出方法を公選制から学会推薦制へ変更（'84）
フィラハ会議において科学者らが各国政府に対して地球温暖化の国際的な対策を要請（'85）

科学技術庁科学技術政策研究所（NISTEP）設立（'88）
***気候変動に関する政府間パネル（IPCC）設立**（'88）*

IPCC第1次評価報告書公表（'90）
米国で大統領科学技術諮問会議（PCAST）設置（'90）

気候変動枠組条約採択、リオ・デ・ジャネイロで国連地球サミット開催（'92）

米国議会技術評価局（OTA）廃止（'95）
阪神・淡路大震災を受けて、地震防災特別措置法が制定（'95）
地震予知推進本部が廃止、地震調査研究推進本部に改組（'95）
*国際的な食品のリスク管理機関である**コーデックス委員会**がリスク分析の考え方を確立（'95）*
ICSU外部評価委員会報告書「シュミットレポート」において科学的助言の重要性が指摘（'96）
薬害エイズ事件をきっかけとした薬事法の改正（'96）
厚生省薬務局を廃止、医薬品の研究開発・製造・流通に係る業務と安全対策に関わる業務を分離（'97）
英国政府が指針「政策策定における科学的助言の使用」を策定（'97）

年表　社会、科学技術、科学的助言関連の出来事 3

年代	社会の主な出来事	科学技術に関連する主な出来事
2000		*雪印乳業の食中毒事故*（'00）
	中央省庁再編（'01）	*日本で初の BSE 牛発生*（'01）
	アメリカ同時多発テロ（'01）	科学技術政策担当大臣が任命（'01）
		重症急性呼吸器症候群（SARS）世界的流行（'03）
		ヒトゲノム計画完了（'03）
		国立大学法人化（'04）
		鳥インフルエンザ発生（'04）
		全米競争力評議会が**パルミサーノ・レポート**公表（'04）
		ソウル大学ファン・ウソクによる ES 細胞研究不正事件（'05）
	日本の総人口が戦後初の減少（'06）	京都大学山中伸弥がヒト iPS 細胞の作成に成功（'06）
		Twitter サービス開始（'06）
		米国で競争力法が成立（'07）
	リーマンショック（'08）	研究開発力強化法制定（'08）
	G20 サミット初の開催（'08）	
	イタリア・ラクイラ地震（'09）	
	行政刷新会議（事業仕分け）（'09）	
2010	中国の GDP が世界第 2 位に（'10）	
	行政事業レビュー開始（'10）	
	東日本大震災（'11）	日本国内の原子力発電所全面停止（'11）
	アラブの春（'11）	*放射性物質による食品の汚染*（'11）
		国際宇宙ステーション完成（'11）
		ビッグデータ利用の本格化（'12）
		高血圧治療薬バルサンタン臨床試験の不正発覚（'13）
		ゲノム編集技術の普及（'13）
		EU の STI 政策 Horizon 2020 がスタート（'14）
	国債等 1000 兆円超え（'14）	エボラ熱世界的流行（'14）
		理研小保方晴子らによる STAP 細胞研究不正事件（'14）
		Industrie 4.0 概念の世界的普及（'14）
	米・キューバ国交回復（'15）	国連総会で「持続可能な開発のための 2030 アジェンダ」採択（'15）
		COP21 において気候変動に関するパリ協定採択（'15）
	伊勢志摩 G7 サミット（'16）	ダボス会議で「第 4 次産業革命」をめぐり議論（'16）

本書で取り上げた科学的助言関連の出来事

総合科学技術会議発足（'01）

米国が京都議定書から離脱（'01）

*BSE 発覚を契機に、**食品安全基本法の制定**（'03）および**食品安全委員会の設置**（'03）*

科学技術振興機構研究開発戦略センター（CRDS）、日本学術振興会学術システム研究センター設立（'03）

日本学術会議法改正（会員選出方法の改革等）（'04）

食品安全委員会が BSE 問題全般に関する報告書を公表（'04）

医薬品医療機器総合機構（PMDA）設立（'04）

IPCC がノーベル平和賞を受賞（'07）

タミフルの副作用の調査研究をめぐる利益相反の発覚（'07）

米国で「科学技術イノベーション政策の科学（SciSIP）」プログラム開始（'07）

英国王立協会が「科学政策センター」を設立（'08）

イレッサの副作用の調査研究をめぐる利益相反の発覚（'08）

ポスト京都議定書の合意に失敗（COP15、コペンハーゲン）（'09）

クライメートゲート事件（'09）

米国オバマ大統領が政策形成における科学の健全性の回復に向けた取組みを指示（'09）

英国「政府への科学的助言に関する原則」を策定（'10）

薬害 C 型肝炎訴訟をきっかけとした「医薬品行政のあり方検討委員会」報告書とりまとめ（'10）

***ラクイラ地震に関連して科学者が有罪判決**（その後、逆転無罪）*（'11）

文部科学省「科学技術イノベーション政策における『政策のための科学』の推進」事業（SciREX 事業）開始（'11）

内閣府「科学技術イノベーション政策推進のための有識者研究会報告書」公表（'11）

グローバル・リサーチ・カウンシル（GRC）発足（'12）

EU 委員長主席科学顧問設置（'12、その後 '14 に廃止）

食品における放射性物質の新基準値設定（'12）

原子力規制委員会（いわゆる「3 条委員会」）の設置（'12）

生物多様性及び生態系サービスに関する政府間科学政策プラットフォーム（IPBES）設立（'12）

日本学術会議が「**科学者の行動規範 改訂版**」に科学的助言の項を新設（'13）

国連事務総長科学諮問委員会が設置（'13）

ICSU の支援により**第 1 回世界科学顧問会議開催**（オークランド）（'14）

総合科学技術会議が総合科学技術・イノベーション会議へと改組（'14）

新エネルギー・産業技術総合開発機構（NEDO）技術戦略研究センター設立（'14）

日本で初の外務大臣科学技術顧問設置（'15）

科学技術基本計画（第 5 期）において初めて科学的助言に関して記述（'16）

国連「持続可能な開発目標」に関する第 1 回科学技術イノベーション（STI）フォーラム開催（'16）

付録　211

略語一覧

AAAS American Association for the Advancement of Science 全米科学振興協会

ADI acceptable daily intake 一日摂取許容量

AEC Atomic Energy Commission 原子力委員会（米国）

AFSSA Agence française de sécurité sanitaire des aliments フランス食品衛生安全庁

ALARP as low as reasonably practicable

APEC Asia-Pacific Economic Cooperation アジア太平洋経済協力

APS American Physical Society アメリカ物理学会

BBAW Berlin-Brandenburgische Akademie der Wissenschaften ベルリン・ブランデンブルク科学・人文科学アカデミー

BfR Bundesinstitut für Risikobewertung 連邦リスク評価研究所（ドイツ）

BSE bovine spongiform encephalopathy 牛海綿状脳症

COCN Council on Competitiveness-Nippon 産業競争力懇談会

COP conference of the parties 締結国会議

CRDS Center for Research and Development Strategy 研究開発戦略センター（科学技術振興機構）

CSA chief science advisor 首席科学顧問

CST Council for Science and Technology 科学技術会議（英国）

CSTI Council for Science, Technology and Innovation 総合科学技術・イノベーション会議

CSTP（日本）Council for Science and Technology Policy 総合科学技術会議

CSTP（OECD）Committee for Scientific and Technological Policy 科学技術政策会議

DNA deoxyribonucleic acid デオキシリボ核酸

EASAC European Academies Science Advisory Council 欧州アカデミー科学諮問会議

EC European Commission 欧州委員会

EFI Expertenkommission Forschung und Innovation 研究イノベーション専門家委員会（ドイツ）

EFSA European Food Safety Authority 欧州食品安全機関

ESFRI European Strategy Forum on Research Infrastructures 欧州研究基盤戦略フォーラム

EU European Union 欧州連合

FAO Food and Agriculture Organization 国連食糧農業機関

GCSA Government Chief Scientific Adviser 首席科学顧問（英国）

GDP gross domestic product 国内総生産

GRC Global Research Council グローバル・リサーチ・カウンシル

GSF Global Science Forum グローバル・サイエンス・フォーラム

IAC　InterAcademy Council　インターアカデミーカウンシル

IAEA　International Atomic Energy Agency　国際原子力機関

IAP　InterAcademy Panel　インターアカデミーパネル

ICSU　International Council for Science　国際科学会議（International Council for Scientific Unions　国際学術連合会議、1998 年まで）

IEEE　Institute of Electrical and Electronics Engineers　電気電子学会

IGBP　International Geosphere-Biosphere Programme　地球圏 – 生物圏国際協同研究計画

IGY　International Geophysical Year　国際地球観測年

INC　intergovernmental negotiating committee　政府間交渉委員会

INGSA　International Network for Government Science Advice　政府への科学的助言に関する国際ネットワーク

INGV　Istituto Nazionale di Geofisica e Vulcanologia　国立地球物理学火山学研究所

IOM　Institute of Medicine　医学院（米国）

IPBES　Intergovernmental Science-Policy Platform on Biodiversity and Ecosystem Services　生物多様性および生態系サービスに関する政府間科学政策プラットフォーム

IPCC　Intergovernmental Panel on Climate Change　気候変動に関する政府間パネル

IPTS　Institute for Prospective Technological Studies　将来技術調査研究所

IRGC　International Risk Governance Council　国際リスクガバナンス評議会

ISO　International Organization for Standardization　国際標準化機構

ISSC　International Social Science Council　国際社会科学協議会

IUPAC　International Union of Pure and Applied Chemistry　国際純正・応用化学連合

IUPAP　International Union of Pure and Applied Physics　国際純粋・応用物理学連合

JIS　Japanese Industrial Standards　日本工業規格

JRC　Joint Research Centre　共同研究センター（欧州委員会）

JSA　Japanese Standards Association　日本規格協会

JSPS　Japan Society for the Promotion of Science　日本学術振興会

JST　Japan Science and Technology Agency　科学技術振興機構

LNT　linear non-threshold　直線閾値なし

NAE　National Academy of Engineering　全米工学アカデミー

NAM　National Academy of Medicine　全米医学アカデミー

NAS　National Academy of Sciences　全米科学アカデミー

NASA　National Aeronautics and Space Administration　米国航空宇宙局

NEDO　New Energy and Industrial Technology Development Organization　新エネルギー・産業技術総合開発機構

NEMESIS　New Econometric Model for Environmental Strategies. Implementation for Sustainable Development

NISTEP　National Institute of Science and Technology Policy　科学技術・学術政策研究所

NGO   non-governmental organization   非政府組織

NPO   nonprofit organization   非営利組織

NRC   National Research Council   全米研究会議

NSTC   National Science and Technology Council   国家科学技術会議

OECD   Organisation for Economic Co-operation and Development   経済開発協力機構

OSTP   Office of Science and Technology Policy   科学技術政策局（米国）

PCAST   President's Council of Advisors on Science and Technology   大統領科学技術諮問会議（米国）

PMDA   Pharmaceutical and Medical Devices Agency   医薬品医療機器総合機構

PPP   polluter-pays principle   汚染者負担原則

PSAC   President's Science Advisory Committee   大統領科学諮問委員会

RCSS   Research Center for Science Systems   学術システム研究センター（日本学術会議）

RIETI   Research Institute of Economy, Trade and Industry   経済産業研究所

RISTEX   Research Institute of Science and Technology for Society   社会技術研究開発センター（科学技術振興機構）

SciREX   Science for RE-designing Science, Technology and Innovation Policy   科学技術イノベーション政策における「政策のための科学」

SciSIP   Science of Science and Innovation Policy   科学イノベーション政策の科学

STS   science and technology studies   科学技術社会論

TLO   technology licensing organization   技術移転機関

TSC   Technology Strategy Center   技術戦略研究センター（新エネルギー・産業技術総合開発機構）

TWAS   The World Academy of Sciences   世界科学アカデミー（Third World Academy of Sciences　第三世界科学アカデミー、2004 年まで）

UNEP   United Nations Environment Programme   国連環境計画

UNESCO   United Nations Educational, Scientific and Cultural Organization   国連教育科学文化機関

UNSCEAR   United Nations Scientific Committee on the Effects of Atomic Radiation   原子放射線の影響に関する国連科学委員会

WCP   World Climate Programme   世界気候計画

WCRP   World Climate Research Programme   世界気候研究計画

WHO   World Health Organization   世界保健機関

WMO   World Meteorological Organization   世界気象機関

WSF   World Science Forum   世界科学フォーラム

WTO   World Trade Organization   世界貿易機関

索　引

あ　行

アイゼンハワー、ドワイト　3
アカテック　60
浅田敏　116, 118, 120
アジア太平洋経済協力（APEC）　66
アストラゼネカ社　104-106
阿部勝征　126, 128
アメリカ物理学会（APS）　60
アレニウス、スバンテ　130
医学院（IOM）　59
石橋克彦　116
イーストアングリア大学　144
一日摂取許容量（ADI）　88
猪瀬博　173
イノベーション　18, 150, 160, 163, 169, 175, 203
医薬品医療機器総合機構（PMDA）　20, 28, 32,
　34, 74, 97, 99, 107-112
イレッサ　104-106
インターアカデミーカウンシル（IAC）　68, 144
インターアカデミーパネル（IAP）　68
ウィーン条約　137
牛海綿状脳症（BSE）　5, 7, 38, 48, 77, 79, 84, 85, 94
宇宙政策委員会　153, 155
エビデンス　9-11, 15, 26, 82, 100, 111, 150, 151, 153,
　155-160, 164-170, 188, 201, 202
欧州アカデミー科学諮問会議（EASAC）　68
欧州委員会（EC）　60, 63, 167
欧州研究基盤戦略フォーラム（ESFRI）　68
欧州食品安全機関（EFSA）　83
欧州連合（EU）　60, 167, 175
応用研究開発諮問会議（ACARD）　57
王立協会　14, 59
汚染者負担原則（PPP）　136
オゾン層破壊　137
オバマ、バラク　33, 41, 143, 146, 163
オユイレラ、ラウル・エストラーダ　139

か　行

外務大臣科学技術顧問　14, 62, 63, 180, 198
科学アカデミー　14, 34, 35, 46, 55, 58-61, 196, 201,
　202
科学イノベーション政策の科学（SciSIP）プロ
　グラム　165, 167
科学技術イノベーション顧問　62
科学技術イノベーション政策（STI政策）　10-
　12, 56, 57, 150, 154, 155, 163, 165, 170
科学技術イノベーション政策推進のための有識
　者研究会　198
科学技術イノベーション政策における「政策の
　ための科学」推進事業（SciREX事業）　165,
　167, 168
科学技術イノベーション政策のための科学　25,
　165
科学技術会議（英国、CST）　13, 57
科学技術会議（日本）　56, 151, 152, 156, 157
科学技術外交　63
科学技術・学術審議会　11, 152, 154, 159, 161, 162
科学技術基本計画　6, 7, 42, 43, 112, 151, 154, 155-
　158, 161, 165, 169, 174, 188
科学技術基本法　151, 155
科学技術社会論（STS）　4, 63
科学技術振興機構（JST）　42, 153, 162
科学技術政策　10, 11, 25, 56, 69, 75, 150, 189
科学技術政策委員会（CSTP）　14, 49, 65
科学技術・学術政策研究所（NISTEP）　153,
　158-161, 164, 169
科学技術政策大綱　156
科学技術と人類の未来に関する国際フォーラム
　（STSフォーラム）　163
科学顧問　14, 46, 55, 61-63, 196, 198, 201, 202
科学政策センター　59, 196
学術システム研究センター（RCSS）　153
カーソン、レイチェル　2

索　引　　215

課題解決型イノベーション　162, 163

カネミ油症事件　78

環境省　138, 155

菅直人　163

気候変動　5, 15, 131-136, 143-149

気候変動に関する政府間パネル（IPCC）　28, 32, 47, 67, 75, 131-136, 140, 144-149

気候変動枠組条約　136, 137

岸輝雄　14, 62

技術戦略研究センター（TSC）　153

技術評価局（OTA）　4

気象庁　117, 119-121, 124

共同研究センター（JRC）　61, 167

京都議定書　140-143, 146-149

キーリング、チャールズ　131

緊急時科学助言グループ（SAGE）　49

緊急時の科学的助言　17, 37, 49, 50

キング、デイビッド　159

クライメートゲート事件　144-146, 149

グリーン・イノベーション　163, 164

クリントン、ビル　139, 157

グルックマン、ピーター　65

グローバー、アン　63

グローバル・サイエンス・フォーラム（GSF）　68

グローバル・リサーチ・カウンシル（GRC）　68

経済協力開発機構（OECD）　14, 21, 44, 49, 50, 53, 65, 68, 128, 175

経済産業研究所（RIETI）　153

経済産業省　138, 153, 155

ケネディ、ジョン・F　3

研究イノベーション専門家委員会（EFI）　13, 57

研究開発戦略センター（CRDS）　42, 153, 162, 186

原子力安全委員会　87, 89

原子力委員会　153, 155

原子力委員会（米国、AEC）　59

原子力基本法　152

原子力災害対策本部　87

ゴア、アル　139, 141, 144

小泉純一郎　161

航空宇宙局（NASA）　134

厚生労働省　26, 27, 74, 78-81, 84-88, 94, 97-111

行動規範　37, 42-44

国際科学会議（ICSU）　5, 65, 66, 186, 187, 195

国際学術連合会議（ICSU）　132

国際原子力機関（IAEA）　149

国際社会科学協議会（ISSC）　196

国際地球観測年（IGY）　67

国際標準化機構（ISO）　26

国際放射線防護委員会（ICRP）　87-89, 92

国際リスクガバナンス評議会（IRGC）　29

国際連合　65, 71, 136, 144, 181

国務長官科学顧問　61

国立環境研究所　138

国連科学委員会（UNSCEAR）　89

国連環境計画（UNEP）　4, 67, 132, 136-138, 163

国連教育科学文化機関（UNESCO）　5, 66, 68

国連事務総長科学諮問委員会（SAB）　65, 71

国連食糧農業機関（FAO）　66

国連地球サミット　136, 137

国連人間環境会議　2

国家科学技術会議（NSTC）　56

国家基幹技術　160

国家ナノテクノロジー構想　157

コーデックス委員会　27, 82, 93, 95

コペンハーゲン合意　146

さ　行

サイエンス・ヨーロッパ　68

査読　47, 59, 64, 68, 144, 145

サマーズ、ローレンス　173

サリドマイド　98

産業技術総合研究所　186

産業競争力会議　170

産業競争力懇談会（COCN）　155

産業構造審議会　153, 159, 162

事業仕分け　107, 108, 161, 177

地震調査研究推進本部　122

地震発生可能性の長期評価　116, 123

地震防災対策強化地域判定会　115, 120, 123, 126

地震防災対策特別措置法　122

地震予知　47, 116, 122

216

地震予知研究計画　114
地震予知情報　121, 124
地震予知推進計画　114
地震予知推進本部　115, 120, 122
地震予知連絡会　115, 118-120
システム・オブ・システムズ　69, 70
持続可能な開発目標（SDGs）　71, 181
市民参加　17, 50-51
諮問委員会　38, 41, 58, 64
社会技術研究開発センター（RISTEX）　168
ジャサノフ、シーラ　4, 63, 64
首相主席科学顧問　62, 65
主席科学顧問（CSA）　61, 63, 65, 66, 71
主席科学者　62
将来技術調査研究所（IPTS）　167
食品安全委員会　20, 27, 34, 74, 77, 79, 80, 84-88, 92-94
食品安全基本法　77-79
食品衛生法　77-80, 87, 88
新エネルギー・産業技術総合研究所（NEDO）　153
審議会　1, 13, 34, 46, 50, 52, 57, 58, 60, 152, 154, 155, 199
シンクタンク　9, 14, 46, 59-61, 153, 155, 179, 188, 200-202
末広重二　119
鈴木次郎　118
ストックホルム会議（国連人間環境会議）　2
スプートニク 1 号　3, 67
スモン　98
駿河湾地震説　116
政策のオプション　31-33, 35, 74, 134, 148, 178, 187
誠実な斡旋者　30-33, 35, 187
製造物責任法　78
政府科学局　61
政府主席科学顧問（GCSA）　3, 7, 14, 33, 49, 57, 61, 158
生物多様性および生態系サービスに関する政府間科学政策プラットフォーム（IPBES）　67, 149
生物多様性国際研究プログラム（DIVERSITAS）　187
政府への科学的助言に関する国際ネットワーク

（INGSA）　66
世界科学会議　69, 157
世界科学フォーラム（WSF）　54, 69
世界気候会議　132
世界気候計画（WCP）　132
世界気候研究計画（WCRP）　132
世界気象機関（WMO）　66, 67, 132, 136
世界貿易機関（WTO）　27, 141
世界保健機関（WHO）　66, 149
説明責任　1, 9, 25, 53, 54, 145, 162, 166
全米医学アカデミー（NAM）　59
全米科学アカデミー（NAS）　58, 196
全米科学工学医学アカデミー　14, 59
全米科学財団（NSF）　165
全米科学振興協会（AAAS）　60, 165
全米競争力評議会　160
全米研究会議（NRC）　58, 196
全米工学アカデミー（NAE）　58
戦略重点科学技術　160
総合科学技術・イノベーション会議（CSTI）　12, 13, 56, 151-155, 199
総合科学技術会議（CSTP）　56, 151, 152, 159, 161-165
総合資源エネルギー調査会　155
測地学審議会　114, 115

た　行

第 1 次評価報告書（IPCC）　135, 145
第 2 次評価報告書（IPCC）　145
第 4 次産業革命　175
第 5 次評価報告書（IPCC）　142
第 7 次フレームワークプログラム（FP7）　167
大学等技術移転促進法（TLO 法）　100
大規模地震対策特別措置法（大震法）　113, 115, 118-121, 124, 125
第三世界科学アカデミー（TWAS）　67
大統領科学技術諮問会議（PCAST）　13, 56
大統領科学顧問　3, 14, 33, 56, 61
大統領科学諮問委員会（PSAC）　3, 56
大統領府科学技術政策局（OSTP）　61
大統領補佐官（科学技術担当）　7, 33, 61
ダボス会議　175

タミフル　101, 102, 104
チェルノブイリ原発事故　87
地球温暖化　130-137, 144, 149
地球圏 – 生物圏国際協同研究計画（IGBP）　187
地球工学（ジオエンジニアリング）　143
中央環境審議会　155
中央防災会議　125
中外製薬　102, 104
直線閾値なし仮説（LNT 仮説）　91
坪井忠二　114
テクノクラシー　3
データ法　167
電気電子学会（IEEE）　60
東海地域判定会　118-120
東京電力福島第一原子力発電所事故　7, 37, 49, 50, 62, 77, 87, 125, 162, 193
透明性　37-40, 49, 53, 54, 56, 64, 145
十勝沖地震　114
独立性　20, 22, 23, 31-37, 39, 40, 46, 47, 54, 56, 59, 74, 108, 192
ドラッカー、ピーター　173
トランス・サイエンス　2, 176
トルバ、モスタファ　132

な　行

内閣府　152-155, 162
南原繁　183
新潟地震　114
ニクソン、リチャード　56
日本医学会　103, 105
日本学士院　60
日本学術会議　6, 14, 34, 35, 42, 43, 60, 103, 152, 153, 155, 156, 159, 184, 186
日本学術振興会（JSPS）　153, 186
日本経済団体連合会（経団連）　155, 156, 159, 162
日本工業規格（JIS）　26
日本地震学会　125, 126
日本製薬工業協会　103
日本総合研究所　121, 158
日本肺癌学会　105
農林水産省　78-81, 84-86

は　行

排出量取引　139, 141, 142
萩原尊禮　114, 117-119
パリ協定　147, 148, 181
バルサルタン　96
パルミサーノ・レポート　160
阪神・淡路大震災　115, 121-123, 129
ハンセン、ジェームズ　134
東日本大震災　6, 7, 16, 42, 49, 62, 86, 87, 125, 129, 162, 180
廣井脩　124
フィブリノゲン　106, 107
フィラハ会議　132
フォーサイト　44
不確実性　1, 3, 38, 43, 46-48, 54, 69, 75, 92, 94, 113, 118, 124, 126, 128, 129, 137, 193
ブダペスト宣言　5, 69, 157, 172, 180, 187
ブッシュ、ジョージ・W　16, 41, 165
フランス食品衛生安全庁（AFSSA）　83
ブルックス、ハーベイ　3, 10
ベディントン、ジョン　7
ベネフィット　24, 25, 96, 151, 162, 170
ベルキー、ロジャー　30, 31
ヘルシンキ宣言　101
ベルリン・ブランデンブルク科学・人文科学アカデミー（BBAW）　31, 60
ベルリン・マンデート　137
放射性審議会　93, 94
法的責任　37, 51, 52, 126, 128, 129
ボリン、バート　134
ホルドレン、ジョン　7, 33, 42
ホワイトヘッド、アルフレッド　173

ま　行

松代群発地震　114
マーバーガー、ジョン　165, 166
三菱総合研究所　158
ミドリ十字　107
水俣病　7, 196, 197
メイ、ロバート　33, 158

メディア　49, 58
茂木清夫　120, 123
森永砒素ミルク事件　78
モントリオール議定書　137
文部科学省　100, 101, 152, 153, 162

や　行

薬害 C 型肝炎訴訟　106
薬害エイズ　7, 98
薬害肝炎事件の検証及び再発防止のための医薬
　品行政のあり方検討委員会　107
薬事・食品衛生審議会　81, 88, 93, 94, 99, 102, 109
薬事法　97, 98
吉田茂　183
予防措置の原則　136, 137

ら　行

ライフ・イノベーション　163, 164
ラクイラ地震　52, 126-129
利益相反　3, 45, 46, 54, 57, 59, 75, 96, 97, 100-106,
　111, 112
力武常次　117
リスク　1, 4, 23, 24, 93, 96, 137
リスク管理　20, 26-28, 31, 34, 35, 74-78, 80-89,
　92-95, 97, 99, 109, 112, 134, 149
リスクコミュニケーション　27, 80, 82, 95
リスク評価　20, 23-35, 74-83, 86-89, 92, 94, 95, 97,
　99, 109, 120, 126, 134, 138, 148, 149, 187
リスク分析　6, 8, 16, 78-80, 82, 95
リンカーン、エイブラハム　58
ルーズベルト、フランクリン　17
レオポルディナ科学アカデミー　60
レギュラトリーサイエンス　4, 8, 16, 25, 112
連邦諮問委員会法　58, 59, 64
連邦リスク評価研究所（BfR）　83

わ　行

ワインバーグ、アルビン　2, 4, 176
和達清夫　114

アルファベット

AAAS（全米科学振興協会）　60, 165
ADI（一日摂取許容量）　88
ACARD（応用研究開発諮問会議）　57
AEC（原子力委員会）　59
AFSSA（フランス食品衛生安全庁）　83
ALARP（as low as reasonably practicable）
　26, 27, 93, 95
APEC（アジア太平洋経済協力）　66
APS（アメリカ物理学会）　60

BBAW（ベルリン・ブランデンブルク科学・
　人文科学アカデミー）　31, 60
BfR（連邦リスク評価研究所）　83
BSE（牛海綿状脳症）　5, 7, 38, 48, 77, 79, 84, 85,
　94
Byrd-Hagel 決議　141

COCN（産業競争力懇談会）　155
COP1　137
COP2　138
COP3　137-142
COP15　143, 144, 146
COP17　146
COP18　147
COP21　147
CRDS（研究開発戦略センター）　42, 153, 162,
　186
CSA（主席科学顧問）　61, 63, 65, 66, 71
CST（科学技術会議）　13, 57
CSTI（総合科学技術・イノベーション会議）
　12, 13, 56, 151-155, 199
CSTP（科学技術政策委員会）　14, 49, 65
CSTP（総合科学技術会議）　56, 151, 152, 159,
　161-165

DIVERSITAS（生物多様性国際研究プログラ
　ム）　187

EC（欧州委員会）　60, 63, 167
EFI（研究イノベーション専門家委員会）　57

索　引　　219

EFSA（欧州食品安全機関）　83

ESFRI（欧州研究基盤戦略フォーラム）　68

EU（欧州連合）　60, 167, 175

FAO（国連食糧農業機関）　66

FP7（第 7 次フレームワークプログラム）　167

Future Earth　187

GCSA（政府主席科学顧問）　3, 7, 14, 33, 49, 57, 61, 158

GRC（グローバル・リサーチ・カウンシル）　68

GSF（グローバル・サイエンス・フォーラム）　68

Horizon 2020　167, 175

IAEA（国際原子力機関）　149

ICSU（国際科学会議）　5, 65, 66, 186, 187, 195

ICSU（国際学術連合会議）　132

IEEE（電気電子学会）　60

IGBP（地球圏－生物圏国際協同研究計画）　187

IGY（国際地球観測年）　67

INGSA（政府への科学的助言に関する国際ネットワーク）　66

IOM（医学院）　59

IPBES（生物多様性および生態系サービスに関する政府間科学政策プラットフォーム）　67, 149

IPCC（気候変動に関する政府間パネル）　28, 32, 47, 67, 75, 131-136, 140, 144-149

IPTS（将来技術調査研究所）　167

IRGC（国際リスクガバナンス評議会）　29

ISO（国際標準化機構）　26

ISSC（国際社会科学協議会）　196

JIS（日本工業規格）　26

JRC（共同研究センター）　61, 167

JSPS（日本学術振興会）　153, 186

JST（科学技術振興機構）　42, 153, 162

LNT 仮説（直線閾値なし仮説）　91

NAE（全米工学アカデミー）　58

NAM（全米医学アカデミー）　59

NAS（全米科学アカデミー）　58, 196

NASA（航空宇宙局）　134

NEDO（新エネルギー・産業技術総合研究所）　153

NEMESIS　167

NISTEP（科学技術・学術政策研究所）　153, 158-161, 164, 169

NPO（非営利団体）　58

NRC（全米研究会議）　58, 196

NSF（全米科学財団）　165

NSTC（国家科学技術会議）　56

O157 食中毒事件　78

OECD（経済協力開発機構）　14, 21, 44, 49, 50, 53, 54, 65, 68, 128, 175

OSTP（大統領府科学技術政策局）　61

OTA（技術評価局）　4

PCAST（大統領科学技術諮問会議）　13, 56

PMDA（医薬品医療機器総合機構）　20, 28, 32, 34, 74, 97, 99, 107-112

Policy for Science　10, 11, 13, 23, 33, 38, 56, 61, 62, 150, 155, 189-191, 199

PPP（汚染者負担原則）　136

PSAC（大統領科学諮問委員会）　3, 56

RCSS（学術システム研究センター）　153

RIETI（経済産業研究所）　153

RISTEX（社会技術研究開発センター）　168

SAB（国連事務総長科学諮問委員会）　65, 71

SAGE（緊急時科学助言グループ）　49

Science for Policy　10, 11, 13, 23, 30, 31, 33, 35, 38, 57, 61, 62, 150, 155, 191, 192, 196, 199

SciREX 事業（科学技術イノベーション政策における「政策のための科学」推進事業）　165, 167, 168

SciSIP（科学イノベーション政策の科学）プログラム　165, 167

SDGs（持続可能な開発目標）　70, 181

STI 政策（科学技術イノベーション政策）　10-

12, 56, 57, 150, 154, 155, 163, 165, 170

STS（科学技術社会論）　4, 63

STS フォーラム（科学技術と人類の未来に関する国際フォーラム）　163

TLO 法（大学等技術移転促進法）　100

TSC（技術戦略研究センター）　153

TWAS（第三世界科学アカデミー）　67

UNEP（国連環境計画）　4, 67, 132, 136–138, 163

UNESCO（国連教育科学文化機関）　5, 66, 68

UNSCEAR（国連科学委員会）　89

WCP（世界気候計画）　132

WCRP（世界気候研究計画）　132

WHO（世界保健機関）　66, 149

WMO（世界気象機関）　66, 67, 132, 136

WSF（世界科学フォーラム）　53, 69

WTO（世界貿易機関）　27, 141

著者紹介

有本 建男（ありもと たてお）　序章、1、2、3章、終章

政策研究大学院大学 教授、科学技術振興機構 研究開発戦略センター 上席フェロー、国際高等研究所 副所長、OECD 科学的助言プロジェクト 共同議長、国際連合 持続可能な開発のための 2030 年アジェンダ 科学技術イノベーション・フォーラム メンバー

1948 年生まれ。京都大学大学院理学研究科修士課程修了。科学技術庁政策課長、内閣府大臣官房審議官、文部科学省科学技術・学術政策局長、科学技術振興機構社会技術研究開発センター長などを経て現職。著書に、*Have Japanese Firms Changed?: The Lost Decade*（共著、Palgrave Macmillan、2011）、『科学技術庁政策史—その成立と発展』（共著、科学新聞社、2009 年）、佐藤靖氏との共著で、"Japan," *UNESCO Science Report: Towards 2030*（UNESCO Publishing, 2015）などがある。

佐藤 靖（さとう やすし）　序章、1、2、3、5、7、8章

科学技術振興機構 研究開発戦略センター フェロー

1972 年生まれ。東京大学工学部航空宇宙工学科卒業。ペンシルバニア大学科学史・科学社会学科博士課程修了。PhD。科学技術庁、日本学術振興会特別研究員 PD、政策研究大学院大学助教授などを経て現職。著書に、『NASA を築いた人と技術—巨大システム開発の技術文化』（東京大学出版会、2007 年）、『NASA—宇宙開発の 60 年』（中公新書、2014 年）などがある。論文に "Rebuilding Public Trust in Science for Policy Making," *Science* 337: 6099（2012）（有本建男氏との共著）、"Building the Foundations for Scientific Advice in the International Context," *Science & Diplomacy* 3: 3（共著、2014）などがある。

松尾 敬子（まつお けいこ）　序章、1、2、3、4、6章

科学技術振興機構 研究開発戦略センター フェロー

1976 年生まれ。東京大学大学院理学系研究科博士後期課程修了。博士（理学）。東京大学 ERATO 研究員、日本学術振興会特別研究員 RPD、消費者庁などを経て現職。論考に、「市民の水平的議論を基礎にした双方向リスクコミュニケーションモデルとフォーカスグループによる検証—食品を介した放射性物質の健康影響に関する精緻な情報吟味」（共著、『フードシステム研究』第 21 巻第 4 号、2015 年）、「こんにゃく入りゼリーのリスク低減方策について—消費者庁事故情報分析タスクフォースでの検討経過」（共著、『電子情報通信学会技術研究報告』第 112 巻第 490 号、2013 年）などがある。

吉川 弘之（よしかわ ひろゆき）　特別寄稿

東京大学 名誉教授、科学技術振興機構 特別顧問

1933 年生まれ。東京大学工学部精密工学科卒業。工学博士。東京大学工学部教授、東京大学総長、日本学術会議会長、日本学術振興会会長、放送大学学長、国際科学会議会長、産業技術総合研究所理事長、科学技術振興機構研究開発戦略センター長などを歴任。主な著書に、『信頼性工学』（コロナ社、1979 年）、『科学者の新しい役割』（岩波書店、2002 年）、『本格研究』（東京大学出版会、2009 年）などがある。

科学的助言
21世紀の科学技術と政策形成

2016 年 8 月 16 日　初　版

［検印廃止］

著　者　有本　建男・佐藤　靖・
　　　　松尾　敬子・吉川　弘之

発行所　一般財団法人　東京大学出版会

代表者　古田　元夫

153-0041　東京都目黒区駒場 4-5-29
http://www.utp.or.jp/
電話 03-6407-1069　Fax 03-6407-1991
振替 00160-6-59964

組　版　有限会社プログレス
印刷所　株式会社ヒライ
製本所　牧製本印刷株式会社

©2016 Tateo Arimoto *et al.*
ISBN 978-4-13-060316-4　Printed in Japan

JCOPY 〈(社)出版者著作権管理機構　委託出版物〉
本書の無断複写は著作権法上での例外を除き禁じられています. 複写される場合は, そのつど事前に, (社)出版者著作権管理機構 (電話 03-3513-6969, FAX 03-3513-6979, e-mail: info@jcopy.or.jp) の許諾を得てください.

科学技術社会論の技法
A 5 2800 円
藤垣裕子 編

イノベーション政策の科学
A 5 3200 円
SBIR の評価と未来産業の創造
山口栄一 編

日本の地震予知研究 130 年史
A 5 7600 円
明治期から東日本大震災まで
泊次郎 著

本格研究
A 5 3500 円
吉川弘之 著

政策リサーチ入門
A 5 2800 円
仮説検証による問題解決の技法
伊藤修一郎 著

政治空間の変容と政策革新 6
科学技術のポリティクス
A 5 4500 円
城山英明 編

科学・技術と社会倫理
四六 2900 円
その統合的思考を探る
山脇直司 編

ここに表示された価格は本体価格です．ご購入の
際には消費税が加算されますのでご了承ください．

.